SCHRIFTENREIHE DES
ÖSTERREICHISCHEN WASSERWIRTSCHAFTSVERBANDES

HEFT 46

DIE DONAU ALS EUROPÄISCHE KRAFTWASSERSTRASSE

Mit 40 Abbildungen

WIEN
SPRINGER-VERLAG
1965

ISBN-13: 978-3-211-80738-5   e-ISBN-13: 978-3-7091-5482-3
DOI: 10.1007/978-3-7091-5482-3

Eigenverlag des Österr. Wasserwirtschaftsverbandes, Wien 1965
In Kommission bei Springer-Verlag, Wien

Inhalt

Die deutsche Donau als Kraftwasserstraße

Von Dr.-Ing. E. h. Dr.-Ing. Heinz F u c h s, München

Die deutsche Donau besteht aus drei charakteristischen Abschnitten (Abb. 1):

dem O b e r l a u f, von der Vereinigung der Quellflüsse Breg und Brigach bis Ulm,

dem A b s c h n i t t U l m - K e l h e i m, der in Deutschland „O b e r e D o n a u" genannt wird, und

dem A b s c h n i t t K e l h e i m — Regensburg — Passau — B u n d e s - g r e n z e.

Eigentum und Verwaltung liegen im Oberlauf beim Land Baden-Württemberg, an der Oberen Donau beim Freistaat Bayern und von Kelheim abwärts bei der Bundesrepublik Deutschland, die diesen Abschnitt als Bundeswasserstraße betreibt. Der Ausbau zu einer modernen Wasserstraße und die Energienutzung sind abwärts von Ulm seit 1921 durch Vertrag der Rhein-Main-Donau Aktiengesellschaft in München übertragen.

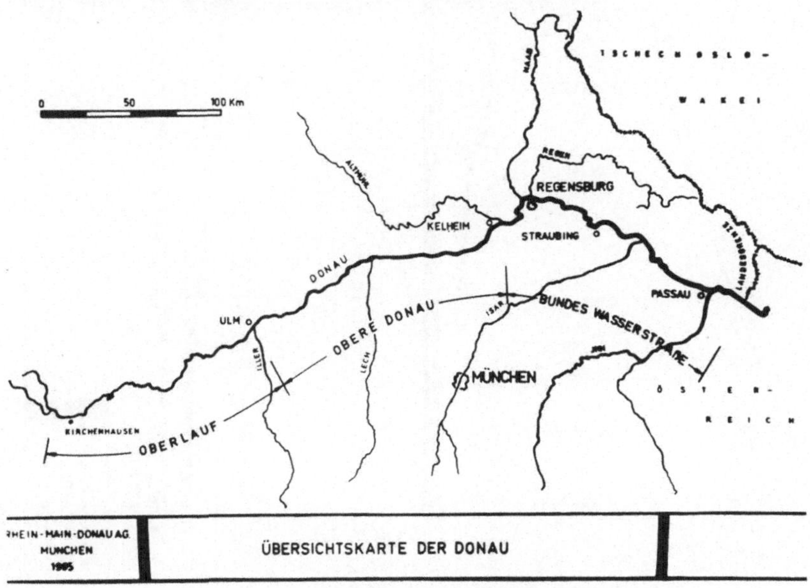

Abb. 1: Übersichtskarte der deutschen Donau

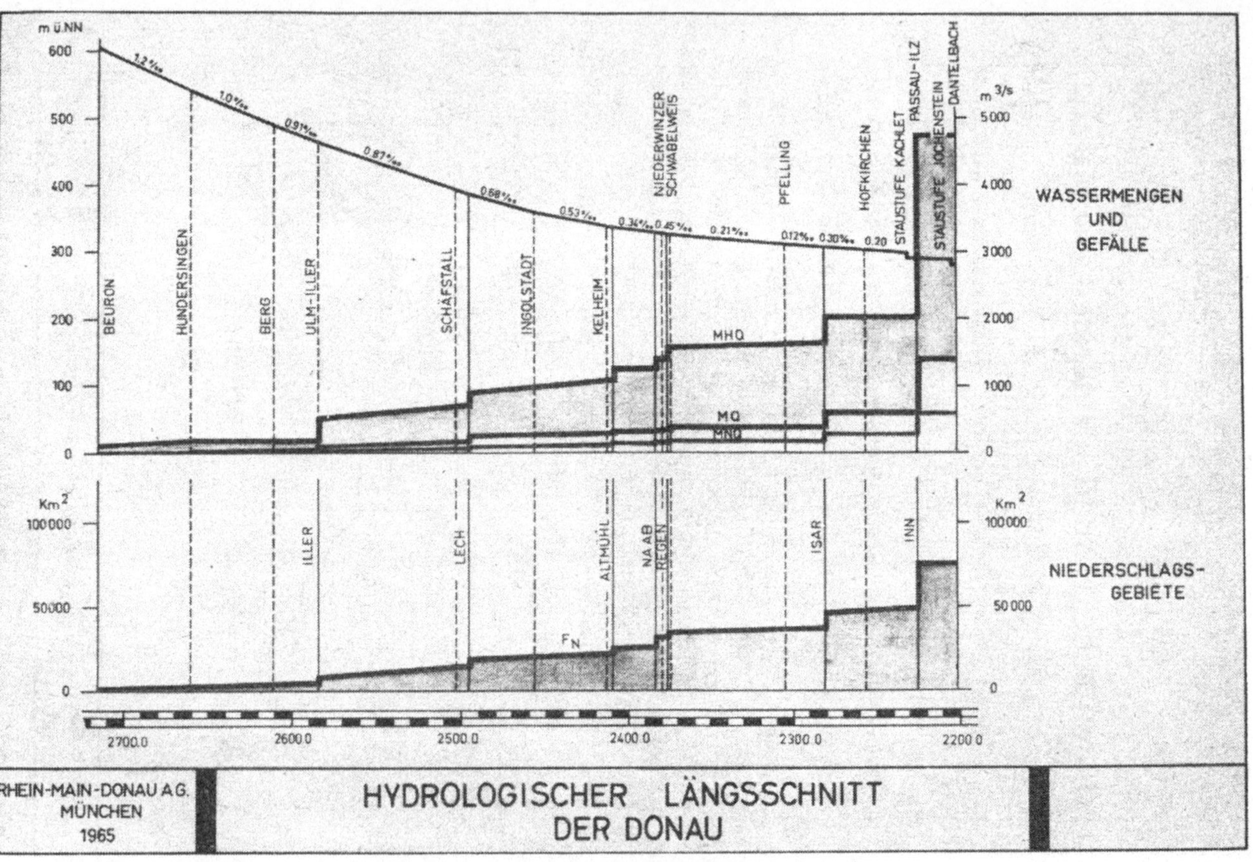

Abb. 2: Hydrologischer Längsschnitt der Donau

Hydrographisch sind bei der deutschen Donau entsprechend dem mittleren Jahresabfluß zu unterscheiden (Abb. 2):

Der Oberlauf bis zur Illermündung bei Ulm, in dem der mittlere Jahresabfluß MQ bis auf 48 m³/s anwächst,

die Abschnitte Illermündung - Lechmündung mit MQ ansteigend von 116 auf 184 m³/s,

Lechmündung - Isarmündung mit MQ ansteigend von 302 auf 444 m³/s,

Isarmündung - Innmündung mit MQ ansteigend von 619 auf 682 m³/s und

schließlich Innmündung - Bundesgrenze mit MQ = 1420 m³/s.

Das Fließgefälle bei MQ beträgt im Oberlauf 1‰ und nimmt bis zur Stauwurzel der Kachletstufe auf 0,20‰ ab. An der Mündung von Iller, Lech und Isar sind Gefällebrüche; oberhalb der Isarmündung z. B. geht das Fließgefälle auf 0,12‰ zurück, um dicht unterhalb auf 0,30‰ anzusteigen. Ähnliche Verhältnisse herrschten vor dem Einstau auch an der Innmündung.

Die Nutzung des Flusses beschränkt sich im Oberlauf bis Ulm auf einzelne zur Krafterzeugung herangezogene Staue; ein systematischer Wasserkraftausbau des gesamten Abschnittes ist vor 25 Jahren untersucht worden, hat sich aber schon damals als unwirtschaftlich herausgestellt. Er wird wohl kaum je verwirklicht werden. Diese Pläne haben daher nur mehr historisches Interesse und brauchen im folgenden nicht näher behandelt zu werden.

Anders steht es mit dem Abschnitt „Obere Donau", der planmäßig der Wasserkraftnutzung zugeführt wird, wobei überall darauf Bedacht genommen wird, daß der ausgebaute Fluß später einmal, wenn sich das als notwendig und nützlich herausstellen sollte, der Großschiffahrt zugänglich gemacht werden kann.

Unterhalb von Kelheim ist die Donau als Bundeswasserstraße Bestandteil der Großschiffahrtsstraße Rhein-Main-Donau und daher in erster Linie der Schiffahrt gewidmet. Das schließt jedoch nicht aus, daß sie daneben auch noch der Wasserkraftnutzung dient.

I. Ausbau der Oberen Donau

Die Obere Donau ist 174 km lang. Die Rohfallhöhe von Ulm bis Kelheim beträgt 127 m. Für ihren Ausbau hat sich nach zahlreichen Untersuchungen, in die auch Seitenkanallösungen einbezogen wurden, ein Rahmenplan herauskristallisiert, der unterhalb der Illermündung bis zur Altmühlmündung bei Kelheim 20 Flußstaue vorsieht, von denen einer der Stadt Ulm überlassen worden ist, während die übrigen 19 direkt oder indirekt von der Rhein-Main-Donau AG genutzt werden (Abb. 3).

Die der Stadt Ulm überlassene oberste Stufe (Ulm-Böfingerhalde) ist 1950/52 gebaut worden. Bei einer Ausbaufallhöhe von 6,50 m und einem Ausbauzufluß von 150 m³/s hat sie eine Ausbauleistung von 8 MW und liefert 48 GWh im Jahr.

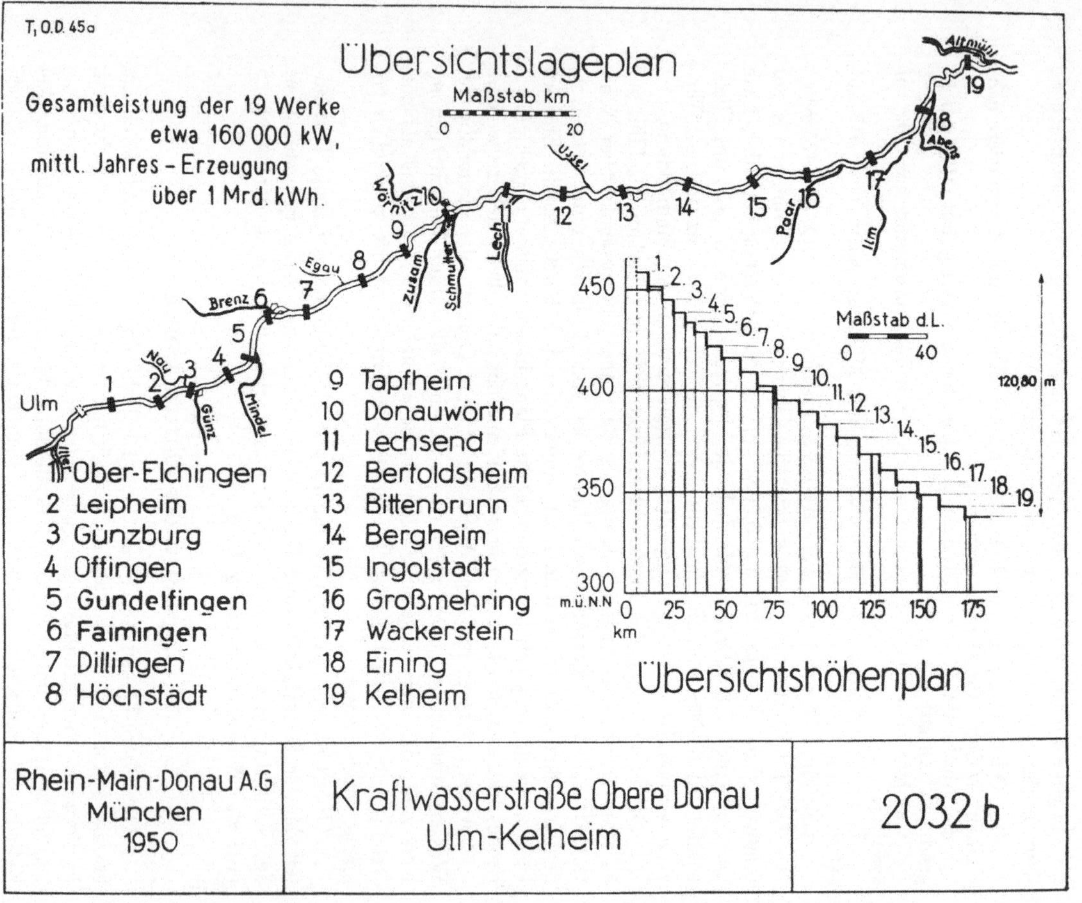

Abb. 3: Übersichtslageplan der Kraftwasserstraße Obere Donau (Ulm-Kelheim)

Für die restlichen 19 Stufen vollziehen sich die baureife Planung und der Ausbau in vier Abschnitten:

Der erste und oberste umfaßt sechs Stufen und erstreckt sich auf 36 km Länge von Oberelchingen bis Faimingen.

Der zweite schließt sich mit fünf Stufen an; er reicht von Dillingen bis Lechsend dicht oberhalb der Lechmündung und ist 46 km lang.

Der dritte, 40 km lange, beginnt unterhalb der Lechmündung bei Bertoldsheim und besteht aus vier Stufen, deren letzte oberhalb von Ingolstadt liegt.

Der vierte Abschnitt endlich enthält bei 44 km Länge nochmals vier Stufen, deren unterste — oberhalb von Kelheim gelegen — den als Weltenburger Enge bekannten Donaudurchbruch einstaut.

Die nach dem Rahmenplan ermittelte mögliche Ausbauleistung der ganzen 19-stufigen Kette beläuft sich auf 239 MW, die mittlere Jahreserzeugung auf 1393 GWh. Rechnet man dazu die Daten der Stufe Ulm-Böfingerhalde, so ergibt sich für die gesamte Obere Donau von Ulm bis Kelheim eine Ausbauleistung von 247 MW und eine mittlere Jahreserzeugung von 1441 GWh.

Abschnitt 1

Der erste dieser vier Abschnitte (Abb. 4 u. 5), mit dessen Bau 1959 begonnen wurde, ist soeben im Begriff fertig zu werden. Die sechs Stufen, deren jede aus einem Wehr, einem seitlichen Kraftwerk, einer Kahnschleuse und aus

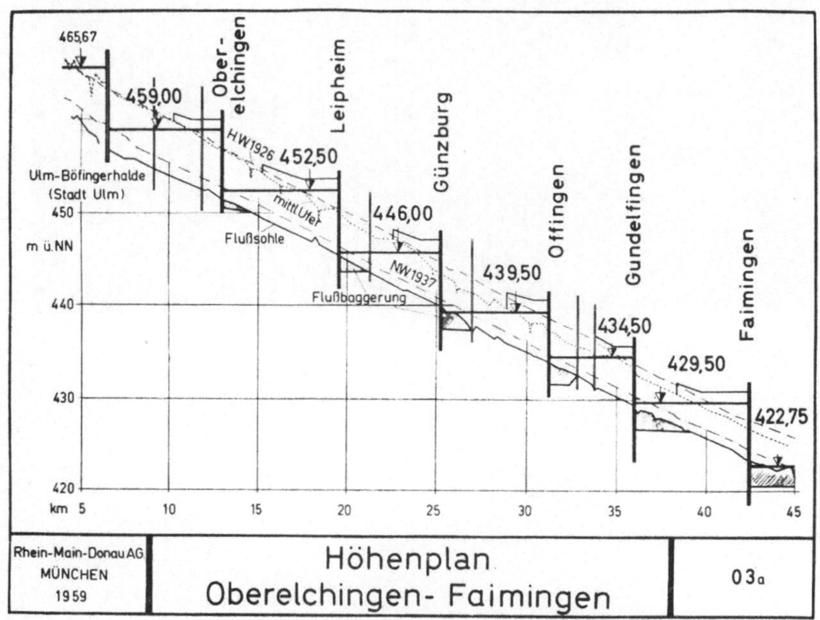

Abb. 4: Höhenplan Oberelchingen-Faimingen

Abb. 5: Luftbild der Donaustufe Leipheim

dem mit Dämmen eingefaßten Stauraum besteht, sind in Abständen von etwa 1 Jahr in Bau genommen und mit einer Gesamtbauzeit von 21 bis 27 Monaten vollendet worden. Die für das Bautempo kennzeichnende Bauzeit bis zur Inbetriebnahme der ersten Maschine betrug in einem Falle nur $19^{1}/_{2}$ Monate, im übrigen 21—23 Monate. Alle 6 Werke sind schwellfähig, der Gegenspeicher der untersten Stufe hat einen nutzbaren Inhalt von 1,6 Mio. m³. Als Kopfspeicher dienen zwei Stauseen oberhalb von Ulm mit zusammen 700.000 m³ Inhalt; dazu kommt der Stauraum Oberelchingen, der vorläufig über einen nutzbaren Schwellraum von 700.000 m³ verfügt, aber vergrößert werden kann, und Schwankungen infolge von Unregelmäßigkeiten im Illerzufluß auszugleichen vermag.

Der Hochwasserabfluß spielt sich mit Ausnahme der untersten Stufe Faimingen zur Gänze zwischen den Staudämmen ab, die in herkömmlicher Art als Kiesdämme ausgebildet sind. Sie sind flußseits mit 16 cm starken unbewehrten Betonplatten geschützt und gedichtet. Der Fuß dieser Platten ist durch eine etwa 8 cm starke Tonzementschürze an die wasserundurchlässige Flinzschicht angeschlossen, die im allgemeinen 6—8 m unter Gelände liegt.

Wehr und Stauraum der Stufe Faimingen sind so eingerichtet, daß der Stauspiegel bei Hochwasser um 50 cm angehoben werden kann, wodurch der Fluß am oberen Ende der Staudämme wie bisher zum Überlaufen gebracht werden kann.

Jedes Kraftwerk der sechs Stufen hat zwei senkrecht stehende Maschinensätze der üblichen Bauart; sie können zusammen 210, bei der untersten Stufe 240 m³/s schlucken, wobei die Fallhöhe — durch künstliche Unterwassereintiefung verbessert — 4,6 m bis 5,9 m betragen. Die Laufräder der Turbinen haben mit Ausnahme von Leipheim, wo aus besonderen Gründen zwei Fünfflügler mit je 4,10 m Laufraddurchmesser eingebaut worden sind, vier Flügel und 4,2 m Durchmesser. Alle Bauteile für das Wehr, für das Kraftwerk und für die Kahnschleuse sind möglichst gleich. Das gilt auch für die Stahlwasserbauteile samt den zugehörigen Antrieben und natürlich auch für die maschinellen und elektrischen Einrichtungen der Kraftwerke.

Diese weitgehende Vereinheitlichung hat neben der Einsparung in der Ersatzteilhaltung wesentliche Kostenersparnisse bei der Planung und bei der Bauausführung gebracht und die kurzen Bauzeiten ermöglicht. Sie konnte verwirklicht werden, weil alle sechs Stufen von Anfang an nach einem festen Zeit- und Finanzierungsprogramm gebaut worden sind. Die kennzeichnenden wasserwirtschaftlichen und energiewirtschaftlichen Daten und die Baukosten der gesamten Kette enthält die Tabelle 1.

Im übrigen erscheint es nicht nötig, auf technische Einzelheiten konstruktiver Art und auch auf die Baugeschichte näher einzugehen; darüber ist vor einiger Zeit in der deutschen Zeitschrift „Die Wasserwirtschaft" ausführlich berichtet worden.

Tabelle 1

Stufe	Oberel- chingen	Leip- heim	Günz- burg	Offingen	Gundel- fingen	Faimin- gen	Summe
Mittlerer Jahres- abfluß m³/s	116	124	129	137	137	148	—
Ausbaufallhöhe m	5,75	5,85	5,40	4,57	4,57	5,64	—
Ausbauzufluß m³/s	210	210	210	210	210	240	—
Ausbau-Leistung MW	9,35	9,37	9,00	7,35	7,35	10,10	52,52
Gesicherte Leistung im Laufbetrieb MW	2,80	2,95	3,10	2,50	2,50	4,35	18,20
im Schwellbetr. MW	3,80	4,30	4,30	3,70	4,40	3,50	24,00
Mittlere Jahres- erzeugung im Laufbetrieb GWh	49,2	50,1	51,0	42,6	42,6	62,3	297,8
im Schwellbetr. GWh	45,0	48,6	49,5	41,5	44,0	57,0	285,7
Bauzeit Monate	24	27	23	25	21	22	—
Ausbaukosten Bau Mio DM	18,697	19,587	18,773	19,678	18,377	26,100	121,212
Bauzinsen Mio DM	0,933	0,963	0,607	1,362	1,073	1,700	6,638
Gesamt Mio DM	19,630	20,550	19,380	21,040	19,450	27,800	127,850
Ausbaukosten je kWh/DM	0,40	0,41	0,38	0,49	0,46	0,44	0,43
je kW /DM	2100	2160	2160	2860	2650	2620	2420

Abschnitt 2

Der Abschnitt Dillingen-Lechsend (Abbildung 6) wird zur Zeit baureif geplant. Er ist dadurch gekennzeichnet, däß der Flußschlauch und das unmittelbar daneben liegende Vorland bis nach Donauwörth hin bei HHW nicht den ganzen Abfluß abzuführen brauchen, weil im Bereich der Stufe Faimingen und unterhalb davon bei Abflüssen von mehr als 800 m³/s nach Süden hin Wasser austritt. Im Bereich der Stufe Faimingen kann dieser Vorgang, wie bereits gesagt, durch künstliches Anheben des Stauspiegels noch gefördert werden. Der so entstehende Hochwasserstrom, der sich über das ganze Donauried auf 23 km erstreckt und 2—300 m breit werden kann, führt bei HHQ = 1100 m³/s etwa 200 m³/s. Er soll aus wasserwirtschaftlichen Gründen nicht verändert werden. Dieser Umstand begünstigt die Auslegung der Wehre, weil die durch die Vergrößerung des Einzugsgebietes anwachsende Hochwassermenge, soweit sie durch die Wehre abgeführt werden muß, entsprechend vermindert wird. Nach dem bisherigen Stand der Planung werden die hydrostatischen Fallhöhen der fünf Stufen etwa 5,20 bis 7,00 m betragen.

14

Die Wehre sollen wieder drei Felder erhalten und bei den höheren Stufen je Feld eine Lichtweite von 17,5 m, bei den niederen Stufen eine solche von 19,0 m erhalten.

Die Kraftwerke werden auch in diesem Abschnitt mit je zwei Maschinensätzen ausgerüstet, deren Turbinen voraussichtlich für einen Gesamtdurchfluß von 240 m³/s ausgelegt werden. Dabei ist berücksichtigt, daß auch diese Kette schwellfähig sein und möglicherweise an den Schwellbetrieb der Kraftwerkskette Oberelchingen-Faimingen angeschlossen werden soll. Der zu diesem Zweck notwendige Gegenspeicher liegt voraussichtlich im Stauraum der

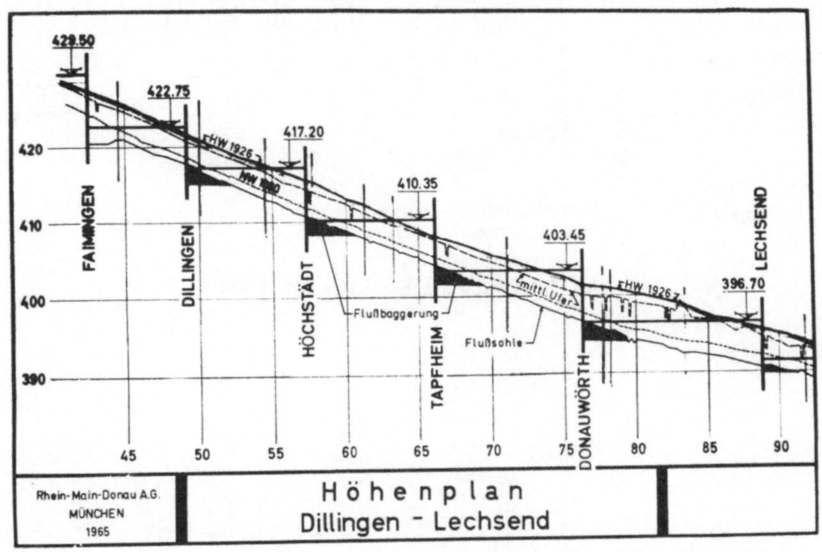

Abb. 6: Höhenplan Dillingen-Lechsend

Stufe Lechsend; sein nutzbarer Inhalt kann dort allerdings kaum mehr als 1,1 Mio. m³ sein. Es ist aber auch möglich, daß der Gegenspeicher aus Kostengründen ganz oder teilweise in den Stauraum der vorletzten Stufe bei Donauwörth gelegt werden muß.

Als Wehrverschlüsse werden wohl wieder Zugsegmente verwendet werden, die sich schon bei der Kette Oberelchingen-Faimingen und, wie noch berichtet wird, auch bei der Kette Bertoldsheim-Ingolstadt als der wirtschaftlichste Verschluß erwiesen haben.

Für die Maschinensätze werden neben der herkömmlichen Bauweise auch Rohrturbinen erwogen, deren Verwendung, auch wenn mehr als 2 Maschinensätze verwendet werden müssen, eine gewisse Kostenersparnis bringen könnte. Die Rhein-Main-Donau AG hat inzwischen an der Regnitz zwei kleinere Kraft-

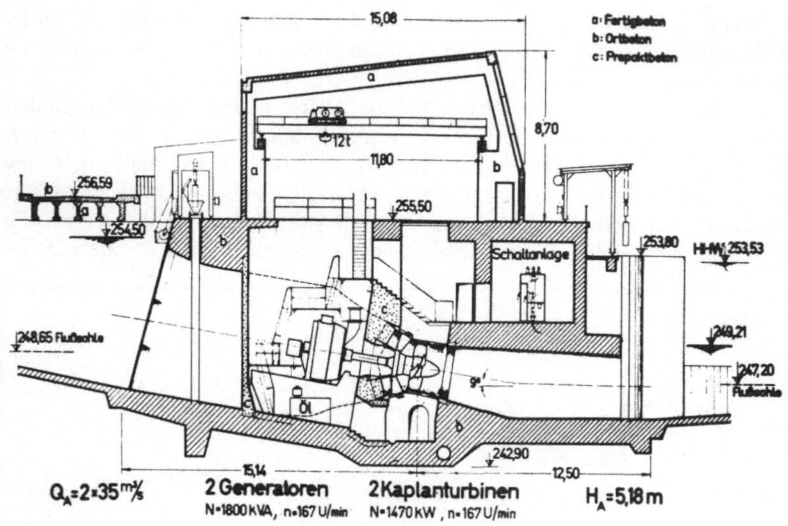

Abb. 7: Kraftwerk Buckenhofen, Schnitt

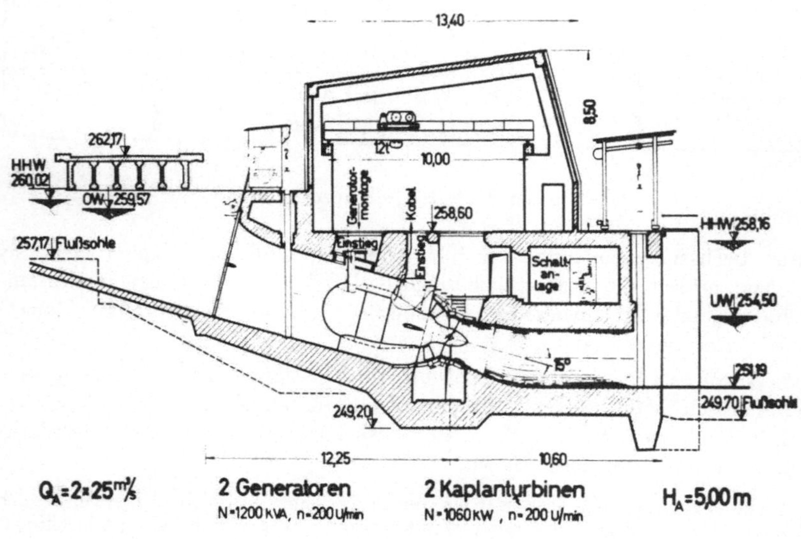

Abb. 8: Kraftwerk Hausen, Schnitt

werke gebaut, von denen jedes mit zwei Rohrturbinen ausgerüstet ist. Bei dem
einen, dem Kraftwerk Buckenhofen (Abb. 7), liegt der Generator in einer oben
offenen und daher zugänglichen Betonwanne, die seitlich umströmt ist. Der
Mantel des Turbinenlaufrades liegt in einem Schacht, so daß auch das Laufrad
und der Leitapparat von oben zugänglich sind. Bei einem anderen, dem Kraftwerk Hausen, ist der Generator in einer völlig umströmten Stahlbirne unter-
gebracht, die oberhalb der Turbine angeordnet ist; Leit- und Laufradmantel
dagegen liegen, wie beim Kraftwerk Buckenhofen, in einem von oben zugänglichen Schacht (Abb. 8). Beide Kraftwerke sind fertig und in Betrieb. Die Erfahrungen, die bei der Planung, bei der Bauausführung und beim Betrieb dieser beiden Werke gesammelt wurden und noch gesammelt werden, ermöglichen einen

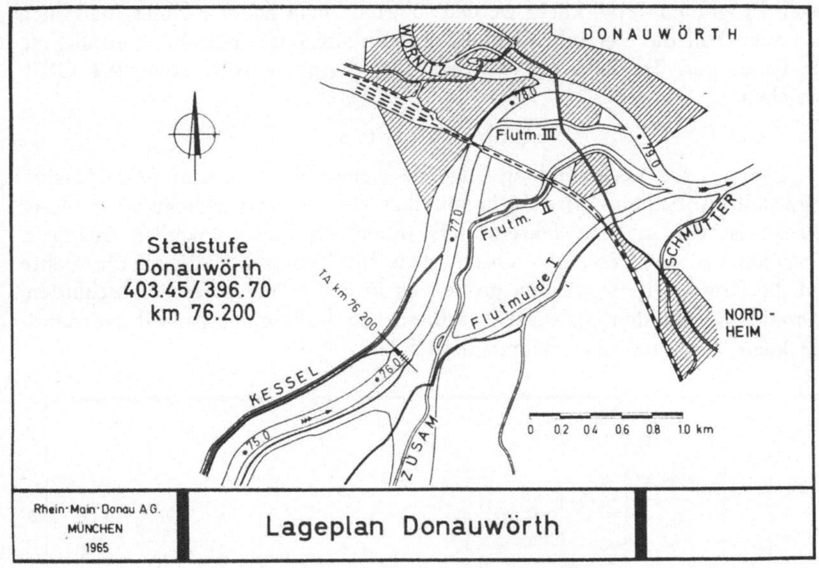

Abb. 9: Lageplan Donauwörth

einwandfreien und sicheren Vergleich. Sobald er erarbeitet ist, wird sich zeigen,
wie hoch die Kostenersparnis ist, die sich an der Oberen Donau gegenüber der
herkömmlichen Bauweise mit senkrecht stehenden Maschinensätzen erzielen läßt,
und welche der beiden Rohrturbinen in technischer und wirtschaftlicher Hinsicht den Vorzug verdient.

Die Stauräume werden auch in dieser Strecke nach bewährtem Muster
mit Kiesdämmen eingefaßt, die in gleicher Weise wie bei der obersten Kette
wasserseits geschützt und gedichtet und an die wasserundurchlässige Schicht
angeschlossen werden.

Die endgültige Lage der Stufen bestimmt sich bei ziemlich einheitlichen
Untergrundverhältnissen in erster Linie nach der Vorflut für die Binnenentwässerung. Besondere Sorgfalt erfordert die Planung der Stufe Donauwörth,
bei der das Hochwasser in mehreren Flutmulden abfließt (Abb. 9). Um hier

schädliche Auswirkungen des Staustufeneinbaus zu vermeiden, erschien ein Modellversuch unerläßlich. Er wird zur Zeit an der Technischen Universität Berlin durchgeführt.

Bei der Auslegung der fünf Stufen nach Lage und Stauziel scheint es zu gelingen, zwei Gruppen etwa gleicher hydrostatischer Fallhöhe zu schaffen:

Bei drei Stufen wird sie voraussichtlich 6,8—7,0 m, bei zwei Stufen 5,2 bis 5,6 m betragen. Damit wären die Voraussetzungen gegeben, auch diese Kette nach einem Einheitstyp zu bauen. Da sich der Bau nicht auf viele Jahre erstrecken, sondern wieder in gedrängter Folge Stufe um Stufe nach einem festen Programm verwirklicht werden soll, darf man damit rechnen, daß auch in diesem Fall die Vereinheitlichung eine direkte oder indirekte Verbilligung des Baues und des Betriebes erbringt. Die Ausbeute wird etwa 283 GWh erreichen.

A b s c h n i t t   3

Der auf die Lechmündung folgende vierstufige Abschnitt Bertoldsheim-Ingolstadt (Abbildung 10) steht unmittelbar vor der Verwirklichung. In dieser Strecke ist der mittlere Jahresabfluß wesentlich höher, nämlich 302 m³/s. HHQ kann bis auf 1860 m³/s anschwellen. Infolgedessen sind auch die Wehre und die Kraftwerke wesentlich größer als in den beiden oberen Abschnitten, während die mit den Staustufen verbundenen Kahnschleusen selbstverständlich keine Änderung zu erfahren brauchen.

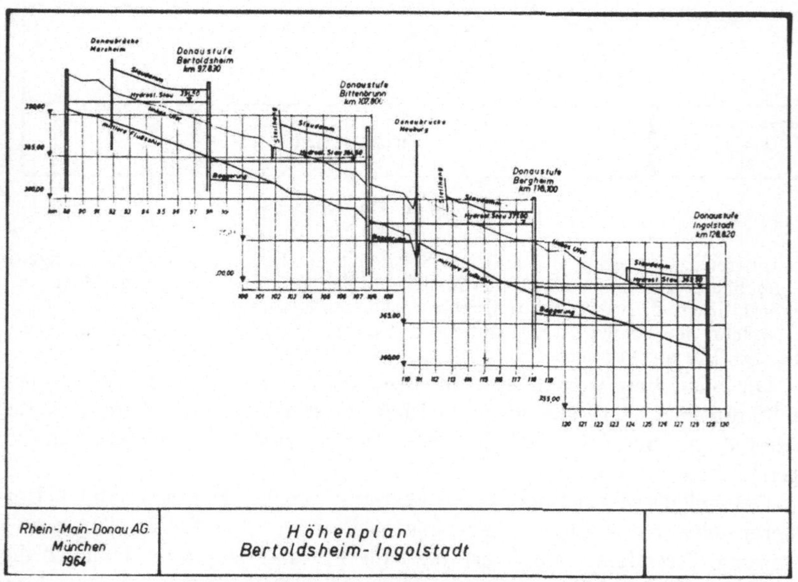

Abb. 10: Höhenplan Bertoldsheim-Ingolstadt

18

Die hydrostatischen Fallhöhen bewegen sich zwischen 7,0 und 8,0 m, wobei die Stauhaltungen 9,1 bis 10,7 km lang sind. Der Ausbauzufluß wurde mit 500 m³/s festgelegt, die Ausbaufallhöhe beträgt bei künstlicher Eintiefung der Flußsohle unterhalb der Stufen 5,0 bis 6,0 m. Der Zufluß ist in jeder Stufe auf drei senkrecht stehende Maschinensätze verteilt. Der Laufraddurchmesser der vierflügeligen Turbinen ist bei den zwei oberen Werken 5,35 m, bei den zwei unteren 5,13 m, doch sind die Einlaufspiralen und die Saugschläuche für alle 12 Maschinen völlig gleich. Auch die Generatoren — es sind Einphasen-Bahnstrommaschinen — werden für alle 12 Maschinensätze nach einer Einheitskonstruktion ausgeführt. Die Erzeugung der vier schwellfähigen Kraftwerke — insgesamt 494 GWh nutzbares Dargebot — soll der Versorgung der Deutschen Bundesbahn mit Einphasenstrom dienen. Den Schwellbetrieb ermöglicht ein im Stauraum Bertoldsheim untergebrachter Kopfspeicher mit 2,2 Mio. m³ Nutzinhalt, mit dem ein Gegenspeicher bei der Stufe Ingolstadt von gleichem Nutzinhalt zusammenwirkt.

Die kennzeichnenden wasserwirtschaftlichen und energiewirtschaftlichen Daten enthält Tabelle 2.

Tabelle 2

Stufe		Bertolds-heim	Bitten-brunn	Berg-heim	Ingol-stadt	Summe
Mittlerer Jahresabfluß	m³/s	302	306	306	308	—
Ausbaufallhöhe	m	5,0	5,15	6,0	5,25	—
Ausbauzufluß	m³/s	500	500	500	460	—
Ausbauleistung	MW	18,9	20,2	23,7	18,9	81,7
Gesicherte Leistung						
im Laufbetrieb	MW	8,3	8,7	9,5	8,5	35,0
im Schwellbetrieb	MW	15,8	16,5	21,2	6,5	60,0
Mittlere Jahreserzeugung						
im Laufbetrieb	GWh	115,5	122,5	138,0	117,0	493,0
im Schwellbetrieb	GWh	99,0	118,0	139,0	109,0	465,0
Bauzeit	Monate	30	30	30	30	—
Ausbaukosten (Stand 1. 4. 1963)						
Bau	Mio DM	43,4	42,3	41,9	42,7	170,3
Bauzinsen	Mio DM	3,4	3,3	3,1	3,1	12,9
Gesamt	Mio DM	46,8	45,6	45,0	45,8	183,2
Ausbaukosten						
	je kWh/DM	0,40	0,37	0,30	0,36	0,37
	je kW/DM	2476	2256	1899	2424	2242

Bemerkenswert ist, daß zur Aufrechterhaltung der Hochwasserabfluß-
charakteristik Überschwemmungsräume außerhalb der Staudämme aufrecht-
erhalten bleiben und zum Teil sogar durch Anhebung des Wasserspiegels bei
Hochwasser künstlich gespeist werden, ähnlich wie das bei der Stufe Faimingen bereits geschildert worden ist. Darüber hinaus trägt sich die bayerische
Wasserwirtschaftsverwaltung mit dem Gedanken, bei der Stufe Bertoldsheim
durch einen Querdamm im Vorland ein künstliches Hochwasserrückhalte-
becken zu schaffen.

Es ist bereits erwähnt worden, daß die Maschinensätze für alle vier Stufen
nahezu völlig gleich sind. Die geringen Unterschiede der Laufraddurchmesser
der Turbinen werden im Laufradmantel ausgeglichen, so daß sie sich auf die Vereinheitlichung des Tiefbaues nicht auswirken. Die Bauteile des Kraftwerks
können daher in noch höherem Maße als bei der ersten sechsstufigen Kette ver-
einheitlicht werden.

Für die Wehrverschlüsse ergab die Ausschreibung, bei der Schützen-
wehre und wahlweise auch andere Verschlüsse angeboten wurden, abermals
die Überlegenheit der Zugsegmente. Sie erbringen für das gesamte Wehr eine
Verbilligung um 11% gegenüber einem Schützenwehr, wobei nicht nur die
geringeren Verschlußkosten, sondern vor allem die geringere Pfeilerbreite zu
Buche schlagen. Sehr genau wurde geprüft, ob sich das Zugsegment auch für
die oberste Stufe Bertoldsheim eignet, vor der etliche Jahre lang eine freie
Fließstrecke ansteht, die für das Wehr erschwerte winterliche Betriebsbedin-
gungen im Gefolge hat. Es ist jedoch gelungen, eine Konstruktion zu entwickeln, die auch besonders schweren winterlichen Anforderungen genügt,
so daß es möglich war, die anfänglichen Bedenken zurückzustellen.

Die Vereisung des obersten Stauraumes und der Aufbau eines Eisstandes
in der freien Fließstrecke sind besonders sorgfältig untersucht worden, weil ja
20 km oberhalb von Bertoldsheim die Stadt Donauwörth liegt, die nicht ge-
fährdet werden durfte. Die Untersuchung ging von der natürlichen Eisbildung
auf der Oberen Donau aus; es zeigte sich, daß die Zunahme des Eisstandes
etwa proportional der Länge der Fließstrecke ist, aus der er durch Treibeis
gespeist wird. Für die oberhalb von Bertoldsheim liegende Fließstrecke ergab
sich durch einen Vergleich mit natürlichen Eisständen oberhalb der Weltenburger Enge, daß ein Eisstand Donauwörth nur in Ausnahmefällen erreichen
wird und daß der Aufstau der Donau, der mit einem solchen Eisstand ver-
bunden sein kann, für die Stadt nicht nur ungefährlich, sondern sogar un-
schädlich ist.

Interessieren dürften noch die Kosten für die vier Stufen. Sie sind nach dem
Preisstand vom 1. April 1963 zu insgesamt 183 Mill. DM veranschlagt, so daß
die Investition je kWh 37 Pfennig beträgt. Bei der Beurteilung dieser Zahlen
ist zu berücksichtigen, daß die Ausrüstung der Kraftwerke mit Einphasen-
maschinen etwas teurer kommt als die Ausrüstung mit Drehstrommaschinen.
Bauzinsen für eine Bauzeit von $2\frac{1}{2}$ Jahren je Stufe sind in den veranschlagten
Kosten mit insgesamt 13 Mill. DM enthalten. Die reinen Bauaufwendungen einschließlich Bauleitungs- und Bauoberleitungskosten sind daher nach dem Preisstand vom 1. April 1963 mit 170 Mill. DM veranschlagt. (Siehe Tabelle 2.)

Die im Rahmenplan unterhalb von Ingolstadt vorgesehenen vier Stufen, die bei den Orten Großmehring, Wackerstein, Eining und Kelheim liegen und hydrostatische Fallhöhen von 5,3 bis 6,0 m aufweisen, sind noch nicht baureif

Abb. 11: Weltenburger Enge

geplant, doch ist auf Grund der Voruntersuchungen anzunehmen, daß sich mindestens bei den drei oberhalb der Weltenburger Enge gelegenen Stufen weder an der Lage noch an der Stauhöhe viel ändert.

Anders ist dies bei der unterhalb der Weltenburger Enge liegenden Stufe Kelheim. Sie ist nicht nur hinsichtlich ihrer Lage, sondern überhaupt sehr umstritten, weil sie infolge des Staues den Charakter der Donau im Bereich der Weltenburger Enge, die ja ein anerkanntes und sicher einmaliges Naturdenkmal ist, verändert (Abb. 11). Außerdem befürchtet die Stadt Kelheim eine Beeinträchtigung des Landschaftsbildes auch unterhalb der Weltenburger Enge und im Bereich der Stadt, wenn die Staustufe dicht oberhalb von Kelheim angeordnet wird. Es sind daher mehrere Varianten untersucht worden, die alle daran kranken, daß es bei den beengten Verhältnissen kaum möglich ist, mit wirtschaftlich vertretbarem Aufwand neben dem Wehr ein Kraftwerk und später auch noch eine Großschiffahrtsschleuse unterzubringen. Auch wenn man die Großschiffahrtsstraße außer Betracht lassen, also eine reine Kraftstufe vorsehen könnte, würde sich daran nicht viel ändern.

Die Rhein-Main-Donau AG hat deshalb nicht die Absicht, bei Kelheim eine Kraftstufe zu bauen. Das bedeutet, daß die Stufe Kelheim wohl nur dann verwirklicht wird, wenn die Obere Donau ganz oder teilweise für die Großschiffahrt erschlossen werden sollte. Der vorläufige Ausbau der Oberen Donau, der primär der Energieerzeugung dient und auf den späteren Wasserstraßenbau nur insofern Rücksicht nimmt, als ohne besondere Aufwendungen die Möglichkeit offen gelassen wird, große Schleusen hinzuzubauen, wird daher oberhalb der Weltenburger Enge mit der Stufe Eining enden.

II. Ausbau Kelheim—Regensburg—Passau

Bei Kelheim, an der Mündung der Altmühl, wird die deutsche Donau Bundeswasserstraße. Sie ist zwar vorläufig nur bis Regensburg für große Schiffe befahrbar, wird aber im Rahmen des Rhein-Main-Donau-Projekts bis Kelheim hinauf als Großschiffahrtsstraße ausgebaut werden. Dabei wird selbstverständlich auch auf die Wasserkraftnutzung Bedacht genommen.

Strecke Kelheim—Regensburg

Für den Ausbau der Strecke Kelheim—Regensburg (Abb. 12) gibt es einen Vorentwurf aus dem Jahre 1950, der drei Stufen vorsah, von denen eine mit 4,2 m Fallhöhe bei Poikam, eine mit 2,2 m Fallhöhe bei Sinzing und eine mit 3,2 m Fallhöhe am Westrand der Stadt Regensburg bei Pfaffenstein gedacht war. Die Stufe Regensburg-Pfaffenstein war bereits 1939 geplant und bald darauf auch schon begonnen worden. Es war jedoch, als sie kriegsbedingt eingestellt wurde, noch nicht viel gebaut, so daß entscheidende Bindungen an dieses alte Projekt nicht gegeben sind.

22

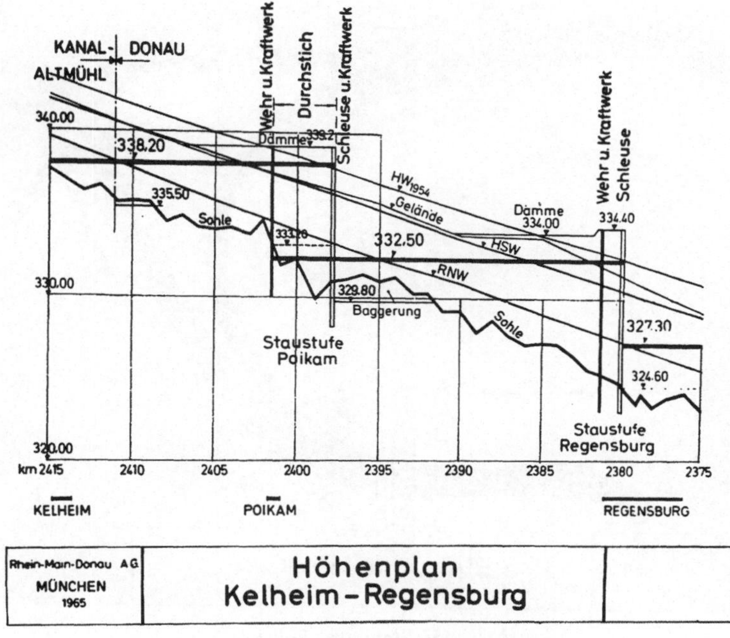

Abb. 12: Höhenplan Kelheim—Regensburg

Bei der weiteren Durcharbeitung des Ausbaus Kelheim—Regensburg wurde eine Variante untersucht, die mit nur zwei Stufen, einer bei Bad Abbach und einer bei Regensburg-Pfaffenstein, auszukommen versucht. Es ergab sich jedoch, daß der Bereich von Bad Abbach reichlich gefährlich ist und daher tunlichst zu vermeiden war. Ein Aufstau der Donau an der vorgesehenen Stelle würde nämlich höchstwahrscheinlich wertvolle Schwefelquellen des Bades Abbach nachteilig beeinflussen und möglicherweise zu unübersehbaren Folgen führen. Nach dem jetzigen Stand der Planung ist der Aufstau mit 5,7 m Rohfallhöhe wieder bei Poikam vorgesehen.

Die neueste Lösung ist dadurch gekennzeichnet, daß die scharfe Flußkrümmung bei Bad Abbach durch einen etwa 3 km langen, weniger stark gekrümmten Kanal umgangen wird (Abb. 13). Am oberen Ende dieses Kanals liegt das Wehr, das die Abzweigung des Kanals ermöglicht, an seinem unteren Ende die Schleuse, die mit einem kurzen Unterkanal die Rückkehr zum Fluß und den Anschluß an den Stau der nächsten Stufe vermittelt. Die Schleuse wird mit 190 m Nutzlänge und 12 m Breite die gleichen Abmessungen erhalten wie alle Schleusen am Main-Donau-Kanal. Sowohl am Wehr als auch neben der Schleuse können Kraftwerke errichtet werden. Ihre Auslegung ist noch nicht untersucht, die mögliche Erzeugung ist auf 85 GWh geschätzt.

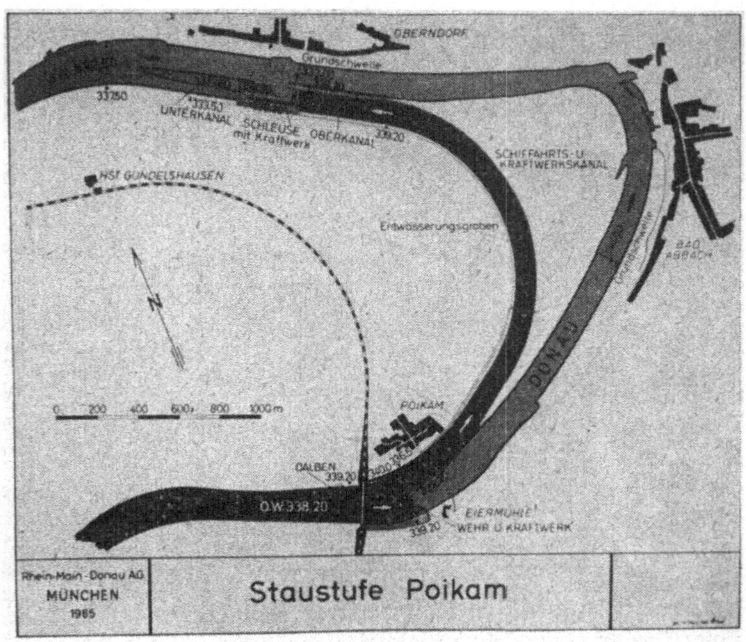

Abb. 13: Staustufe Poikam

Bei der Stufe Regensburg-Pfaffenstein (Abb. 14) sollten nach der ursprünglichen Planung Wehr und Kraftwerk oberhalb der Stelle liegen, an der sich die Donau in einen nördlichen und einen südlichen Arm aufspaltet. Zur Schleuse, für die sich die günstigste Lage in einer Flutmulde im Regensburger Ortsteil Stadtamhof ergab, sollte ein etwa 1½ km langer Oberkanal führen, während der 5,2 m tiefer liegende Schleusenunterkanal in den Regen münden und auf diese Weise die Verbindung zum Donau-Nordarm herstellen sollte. Die für das Wehr und das Kraftwerk vorgesehene Stelle mußte kürzlich aufgegeben werden, weil sie mit einer neuen Donaubrücke kollidierte, die inzwischen aktuell geworden war und für die keine andere geeignete Kreuzungsstelle gefunden werden konnte. Wehr und Kraftwerk wurden etwas nach unterstrom verschoben und auf den nördlichen und südlichen Donauarm aufgeteilt. Die Abzweigung des Schleusenoberkanals mußte der neuen Lage angepaßt werden, im übrigen aber blieben die Schiffahrtsanlagen unverändert. Auch bei dieser Stufe ist die Auslegung der Kraftwerke, deren Fallhöhe bei MQ nur etwa 3,5 m beträgt, noch nicht näher untersucht; allenfalls ist eine Erzeugung von 50 GWh möglich.

Sowohl in Poikam als auch in Regensburg-Pfaffenstein wird die mögliche Energieerzeugung nur dann nutzbar gemacht werden können, wenn das Wehr,

24

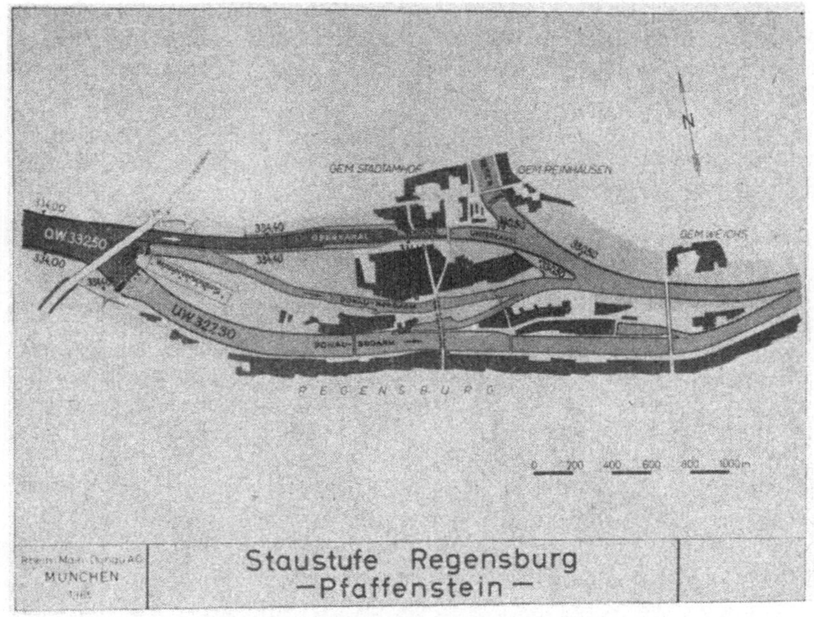

Abb. 14: Staustufe Regensburg-Pfaffenstein

die Schleuse und der Stauraum als Schiffahrtsanlagen gebaut und finanziert werden, so daß die Wasserkraftanlagen nur den ohnehin vorhandenen Stau nützen.

Strecke Regensburg—Vilshofen

Die Donau unterhalb von Regensburg ist von jeher in erster Linie als Wasserstraße angesehen worden. Dieser Auffassung entspricht der seitherige Donauausbau zwischen Regensburg und Vilshofen, der in Form einer Niederwasserregulierung betrieben wird. Er hat der Schiffahrt erhebliche Vorteile gebracht, wenngleich er nicht mehr als 2 m gesicherte Fahrwassertiefe erbringen kann. Im Baubericht der Rhein-Main-Donau AG für das Jahr 1963 ist er hinsichtlich der technischen Mittel und des bis dahin erzielten Erfolges eingehend beschrieben worden. Ende dieses Jahres wird die Regulierung abgeschlossen sein; es werden dann zwischen Regensburg und Vilshofen bei einem Pegelstand von 116 cm in Schwabelweis und bei einem Pegelstand von 215 cm in Hofkirchen — das sind nach deutschem Gebrauch die niedersten Schiffahrtswasserstände, die nur an 39 Tagen im Jahr unterschritten werden — überall 2 m Fahrwassertiefe vorhanden sein; nach den Regeln der Donaukommission entspricht dieses Maß nur 1,85 m. An einigen Stellen hat sich die

Schiffahrt gegen die Einschnürung des Flusses durch Buhnen oder Leitwerke gewehrt, weil sie glaubte, daß dort breite Wendeplätze notwendig seien; an diesen Stellen muß die Fahrwassertiefe von 2 bzw. 1,85 m künstlich durch Baggerungen aufrecht erhalten werden.

Welchen Erfolg die Niederwasserregulierung erbracht hat, zeigt z. B. eine Darstellung der Fahrwassertiefen (Abb. 15), die bei der Wasserführung des Jahres 1964 vor der Niederwasserregulierung, nach der Teilregulierung

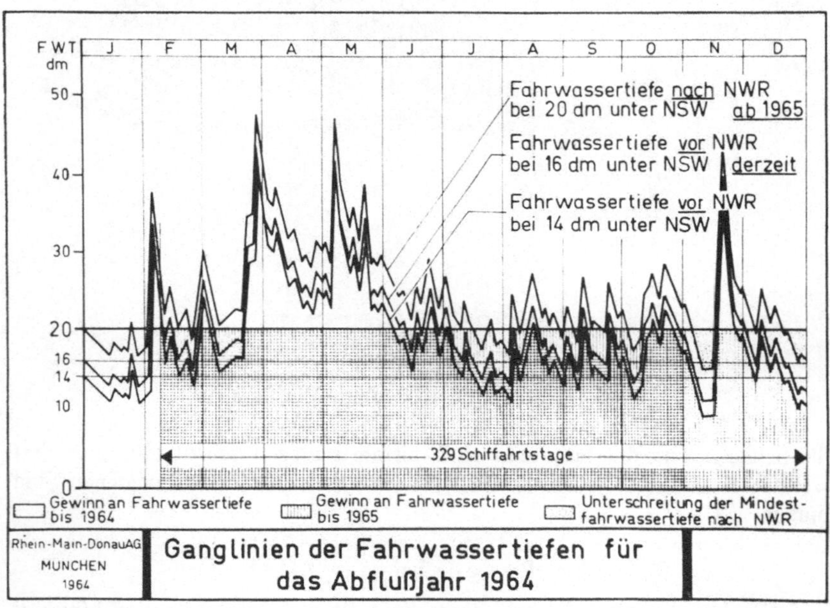

Abb. 15: Ganglinien der Fahrwassertiefen für das Abflußjahr 1964

mit 1,6 m Fahrwassertiefe und nach der Vollregulierung mit 2 m Fahrwassertiefe vorhanden gewesen wären.

Den Einbau von Staustufen in die freie Donau hat die Schiffahrt — abgesehen von der Kachletstufe — bis vor kurzem als schweren, ihre Existenz bedrohenden Nachteil abgelehnt. Sie stellte sich daher auch Anfang der Fünfzigerjahre gegen den Bau der deutsch-österreichischen Gemeinschaftsstufe Jochenstein, der ersten Stufe, die nach der Kachletstufe in die schiffbare Donau hineingebaut wurde.

Noch Mitte der 50iger Jahre wurden hinter Hinweisen, daß die Donaustrecke Regensburg—Vilshofen eine größere Mindestfahrwassertiefe als 2 m nur mit Hilfe von Staustufen erhalten könne, nichts als energiewirtschaftliche Interessen vermutet. Um die gleiche Zeit (1956) ist in der einschlägigen Literatur der Hinweis zu finden, daß sich „eine Kanalisierung der Donau zwischen Regensburg und Vilshofen auf alle Fälle verbieten dürfte".

Seit ein paar Jahren hat sich jedoch die Einstellung der Schiffahrt zum Donauausbau grundlegend gewandelt. Die Gründe dafür liegen in der Entwicklung der Schiffsgrößen, die vom 600-t-Schiff über das 1000-t-Schiff zum 1350-t-Schiff hin tendiert, in den Ausbauplänen für die außerdeutsche Donau und schließlich in Befürchtungen, daß die Niederwasserregulierung auf die Dauer nicht oder nur sehr schwer vollwertig zu erhalten sei, weil der Fluß an einigen Stellen zur Eintiefung neige und diese Eintiefung in absehbarer Zeit infolge mangelnder Geschiebezufuhr zunehmen werde. Damit im Zusammenhang steht die weitere Befürchtung, daß die Eintiefung die Regensburger Hafenanlagen auf die Dauer beeinträchtigen könne. Auch die Breite der Niederwasserrinne, die oberhalb von Straubing vielfach nur einschiffigen Verkehr zuläßt, wird als unzureichend empfunden.

All diese Gründe haben das deutsche Bundesverkehrsministerium veranlaßt, die Niederwasserregulierung der Donau zwischen Regensburg und Vilshofen als eine zwar höchst nützliche, sehr wirtschaftliche und durchaus notwendige, aber doch auf die Dauer nicht ausreichende Lösung zu betrachten, die in absehbarer Zeit durch einen Vollausbau mit Hilfe von Staustufen ersetzt werden sollte.

Die Rhein-Main-Donau AG hat es übernommen, entsprechende Pläne auszuarbeiten. Der Projektierung wurde der internationale Donau-Standard zugrundegelegt, der bis Regensburg Doppelschleusen mit Kammern von 230 m Länge und 24 m Breite vorsieht.

Für die Strecke R e g e n s b u r g - S t r a u b i n g liegt bereits ein Rahmenentwurf vor. Diese Strecke konnte unabhängig von der Fortsetzung nach unten bearbeitet werden, weil die Stadt Straubing einen so eindeutigen Zwangspunkt darstellt, daß die Anordnung einer Stufe unmittelbar oberhalb der Stadt in jedem Fall notwendig ist. Untersucht wurden zwei Varianten, eine mit drei Stufen von 5,3 m, 4,0 m und 5,0 m hydrostatischer Fallhöhe und eine mit nur zwei Stufen von 7,3 m und 7,0 m hydrostatischer Fallhöhe. In beiden Fällen wurde auf die Binnenentwässerung besonders geachtet. Es zeigte sich, daß sie beim Zweistufenprojekt, dessen zweite Stufe bei Geisling liegt, zwar etwas umfangreicher wird, aber zwangloser gelöst werden kann (Abb. 16). Angesichts der geringeren Stufenzahl, der längeren Stauhaltungen und der größeren, energiewirtschaftlich günstigeren Fallhöhen hat die Rhein-Main-Donau AG für die baureife Planung das Zweistufen-Projekt empfohlen. Die Kosten sind für beide Lösungen etwa gleich; sie betragen nach gegenwärtigen Preisen für die Wehre, die Schleusen, die Stauräume und die Binnenentwässerung beim Dreistufenprojekt 320 Mio. DM, beim Zweistufenprojekt 300 Mio. DM, also sogar eine Kleinigkeit weniger. Die Kosten für die Kraftwerke, für die noch keine Detailpläne vorliegen, sind

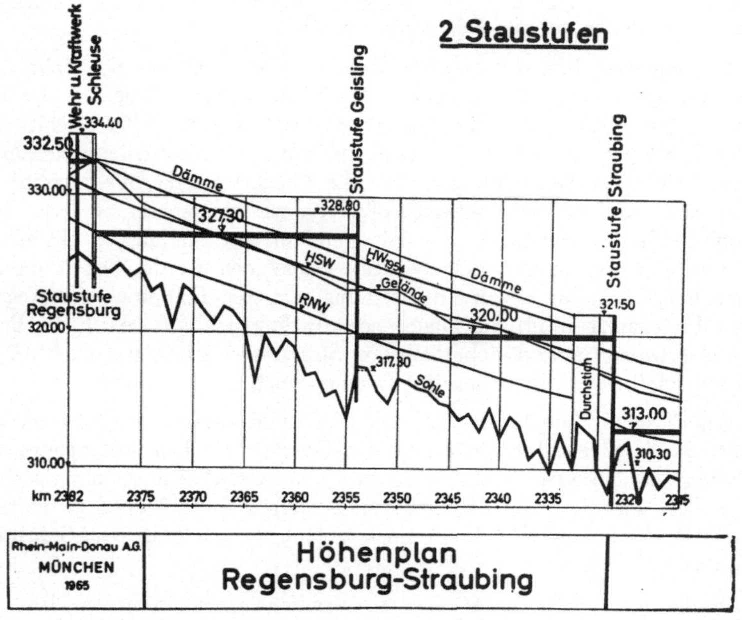

Abb. 16: Höhenplan Regensburg—Straubing (2 Staustufen)

noch nicht ermittelt; die mögliche Energieerzeugung scheint bei 260 bis 270 GWh zu liegen. Ebenso wie bei den Stufen Poikam und Regensburg-Pfaffenstein ist die Energiegewinnung wirtschaftlich nur möglich, wenn der im Interesse der Schiffahrt geschaffene Stau nebenbei genützt werden kann.

Während die Stufe Geisling des Zweistufenprojektes dem Normaltyp einer Flußstaustufe entspricht — die Doppelschleuse liegt am linken Ufer, das Kraftwerk in einer Bucht am rechten Ufer, dazwischen das sechsfeldrige Wehr —, verdient die Stufe Straubing (Abb. 17) besondere Erwähnung. Ihre Planung ging davon aus, daß die Schiffahrt in Zukunft nicht mehr in dem am Stadtkern vorbeifließenden, stark gekrümmten Hauptarm der Donau verläuft, sondern in der „Alten Donau", die die Krümmung des Hauptarmes, zügig abschneidet und unschwer verbreitert und vertieft werden kann. Dazu war es notwendig, die Doppelschleuse an das linke Ufer zu legen und das Wehr und das Kraftwerk so anzuordnen und aufzuteilen, daß das Wasser sowohl in den Hauptarm der Donau als auch in die „Alte Donau" abfließt. Auf diese Weise kam ein in der Mitte des Flusses liegendes Kraftwerk zustande, an das sich nach Norden, gegen die „Alte Donau" zu, ein

28

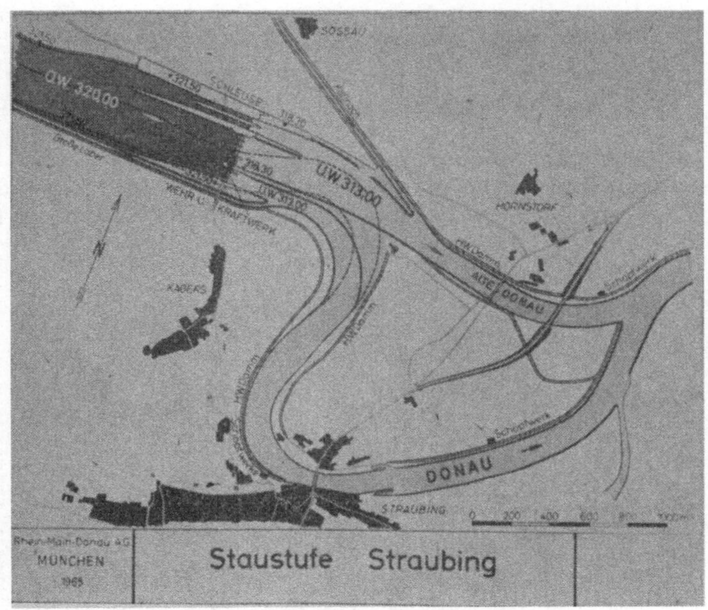

Abb. 17: Staustufe Straubing

vierfeldriges und nach Süden, gegen den Hauptarm zu, ein zweifeldriges Wehr anschließen.

Die Staudämme der beiden Stufen, die künftig auch das Hochwasser zusammenhalten, liegen meist innerhalb des Überschwemmungsgebietes, das von Hochwasserdämmen eingesäumt ist. Um die Zusammenfassung des Hochwassers auf engerem Raum auszugleichen, wird der Flußschlauch verbreitert. Die Hochwasserdämme in die Staudämme einzubeziehen und entsprechend auszubauen, erschien unzweckmäßig, weil dabei allzuviel landwirtschaftliche Nutzfläche für dauernd verloren ginge.

Alle diese Veränderungen — die Wegnahme von Überschwemmungsgebiet, die Uferabgrabungen und der Aufstau — haben Einfluß auf den Hochwasserablauf. Um ihn näher zu studieren, wird am Oskar-von-Miller-Institut der Technischen Hochschule München ein großer Modellversuch durchgeführt, der sich auf die ganze Strecke Regensburg—Straubing erstreckt.

Das 600 m lange Modell ist im Maßstab 1 : 100 aufgebaut und in der Höhe im Verhältnis 4 : 1 verzerrt worden. Der Versuch hat zum Ziele, die endgültige Lage der Staudämme, den Umfang der Uferabgrabungen und eine etwaige Stauregelung so festzulegen, daß der bisherige Hochwasserablauf nicht nachteilig verändert wird. Damit ist er zugleich ein wichtiges Beweismittel im Rahmen des wasserrechtlichen Verfahrens. In Heft 4/1965 der Zeitschrift „Die Wasserwirtschaft" findet sich ein erster Bericht über den Aufbau des Versuches.*)

Für die Strecke S t r a u b i n g — V i l s h o f e n (Abb. 18) wurde zunächst untersucht, ob es möglich ist, mit zwei Stufen auszukommen. Schon die ersten Versuche zeigten, daß einem solchen Plan erhebliche Schwierigkeiten entgegenstehen. Es blieb daher nichts anderes übrig, als auf drei Stufen auszuweichen. Die oberste dieser Stufen wird bei Deggendorf, dicht oberhalb der dortigen Eisenbahnbrücke, liegen und 4,0 m hydrostatische Fall-

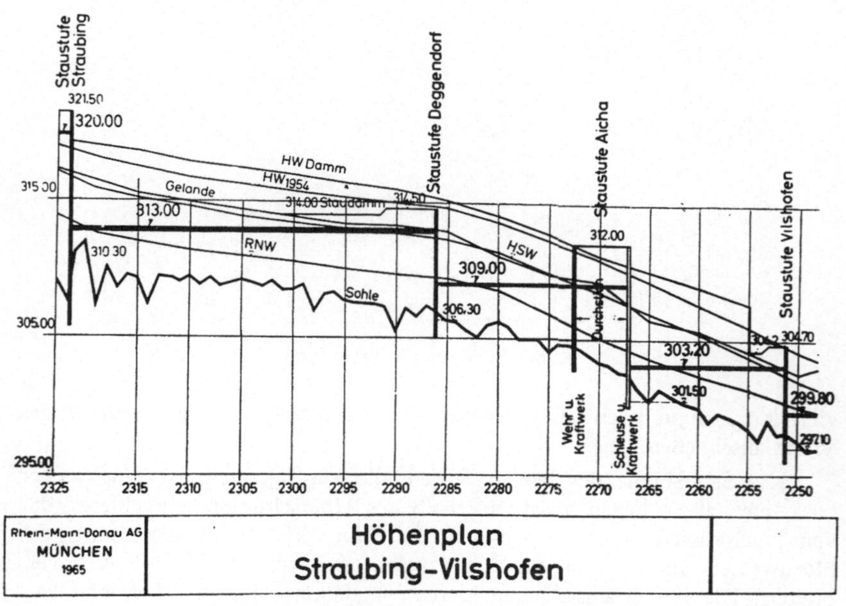

Abb. 18: Höhenplan Straubing — Vilshofen

höhe aufweisen. Die lichte Höhe der im Unterwasser liegenden Eisenbahnbrücke über dem höchsten Schiffahrtswasserstand ist die geringste aller deutschen Donaubrücken. Mit 4,81 m ist sie schon heute unzureichend. Die Brücke kann jedoch mit wirtschaftlich vertretbaren Mitteln nicht angehoben werden. Damit der Staustufenbau zwischen Regensburg und Vilshofen nicht entwertet wird, wird sie daher in der künftigen Schiffahrtsöffnung mit einem beweglichen Überbau, d. h. mit einer drehbaren, hebbaren oder aufklappbaren Öffnung versehen werden müssen. Wegen ihrer geringen Fallhöhe

*) F. H a r t u n g : Obernacher Modellversuche als Grundlage für den Hochwasserschutz bayerischer Städte.

wird die Stufe Deggendorf zur Wasserkraftnutzung selbst dann nicht herangezogen werden können, wenn sie mit keinerlei Kosten für den Stau belastet wird.

Für die zweite Stufe boten sich zwei Stellen an, eine bei Winzer, bei der das Wehr und allenfalls auch das Kraftwerk in den Fluß und die Schleuse in eine Absehnung zu liegen kommen, und eine zweite mit 5,8 m Fallhöhe etwas oberhalb, bei Aicha, bei der nur das Wehr im Fluß, dagegen die Schleuse und das Kraftwerk in einem Durchstich vorgesehen sind, der eine größere Flußschleife abschneidet. Die Lösung Aicha erschien aus verschiedenen Gründen günstiger; fraglich ist allerdings, ob der Bau eines Kraftwerks, aus dem etwa 125 GWh herausgewirtschaftet werden könnten, wirklich wirtschaftlich ist.

Die dritte Stufe kommt bei Vilshofen zu liegen. Ihre Fallhöhe beträgt hydrostatisch 3,4 m, also noch weniger als die der Stufe Deggendorf. Sie kann in der üblichen Weise im Fluß angeordnet werden. Eine Wasserkraftnutzung kommt hier ebensowenig wie in Deggendorf in Betracht.

Der Rahmenentwurf für die ganze Strecke Straubing—Vilshofen wird noch heuer abgeschlossen werden.

Kachlet-Stufe

Bei der Kachletstufe bei Passau, die 1924/27 erbaut wurde und allgemein bekannt ist, erübrigt sich eine ausführliche Beschreibung. Sie hat in den vergangenen 38 Jahren zur vollen Zufriedenheit gearbeitet und sich als Bauwerk — wenn man von einigen Sanierungsarbeiten absieht, die durch die noch nicht sehr vollkommene Betontechnik der Erbauungszeit bedingt waren — voll bewährt.

Wehr, Schleuse und Stauraum werden seit 1942 von der deutschen Bundeswasserstraßenverwaltung betrieben; der Rhein-Main-Donau AG, die seinerzeit die ganze Stufe erbaut hat, ist nur noch das Kraftwerk verblieben.

Die Kachletstufe war seinerzeit als erste Großstaustufe in der Donau eine technische Leistung ersten Ranges. Mit dem Entschluß, in das Kraftwerk acht Propellerturbinen einzubauen, hat sie die Wasserkrafttechnik maßgeblich beeinflußt. Heute können Wirkungsgrad und Schluckvermögen dieser acht Propellerturbinen nicht mehr voll befriedigen. Es wurde daher geprüft, ob sich in die vorhandenen Wasserwege doppelt regulierbare Kaplanturbinen einbauen und ob sich damit die Leistung und Jahresarbeit des Kraftwerks nennenswert verbessern lassen. Dabei wurden Varianten untersucht, die den Austausch von 4, 5, 6, 7 oder 8 Maschinen vorsahen. Es ergab sich, daß der Umbau auf jeden Fall wirtschaftlich ist und daß der Ersatz aller acht Maschinen die zweckmäßigste Lösung darstellt. Er wurde 1961 in Angriff genommen und Ende 1964 beendet. Er kostete insgesamt einschließlich der Erneuerung der Generatoren und der Anpassung und Verbesserung sonstiger elektrischer Einrichtungen 11 Mio. DM und bringt einen Gewinn von 42 GWh im Jahr, so daß der Aufwand je gewonnene kWh 26 Pfg. beträgt, ein gewiß sehr respektables Ergebnis.

S t a u s t u f e J o c h e n s t e i n

Auch die deutsch-österreichische Staustufe Jochenstein ist allgemein so geläufig, daß man darüber nicht viel zu sagen braucht. Auch sie hat sich in den 10 Jahren ihrer Existenz technisch und wirtschaftlich ausgezeichnet bewährt. Mit ihrem großen, durch den Inn verstärkten Wasserkraftpotential, dem — einschließlich einer Entschädigung für den Einstau durch das Donaukraftwerk Aschach — eine Jahreserzeugung von 470 GWh für jeden der beiden Partner entspricht, bildet sie den größten Aktivposten in der Wasserkraftnutzung der deutschen Donau.

III. Zusammenfassung und Ausblick

Faßt man die Wasserkraftenergie zusammen, die unter den heutigen Verhältnissen aus dem deutschen Teil der Donau herausgewirtschaftet werden kann, so ergibt sich folgendes Bild:

Während der Oberlauf rd. 42 GWh und die Obere Donau 1441 GWh erbringen, während aus den Stufen zwischen Kelheim und Vilshofen vielleicht 400—500 GWh gewonnen werden können, schaffen das umgebaute Kachletwerk und das Jochensteinwerk mit seinem deutschen Anteil zusammen 790 GWh. Die gesamte energiewirtschaftliche Ausbeute, die die deutsche Donau liefern kann, beträgt sohin nach dem heutigen Stand 2700 bis 2800 GWh. Davon sind 1100 GWh bereits genützt und fast 500 GWh stehen unmittelbar vor dem Ausbau. Ob die restlichen 11—1200 GWh, die heute noch ausbauwürdig erscheinen, tatsächlich noch genützt werden, hängt entscheidend davon ab, w a n n mit dem Ausbau begonnen wird. Zwei Umstände sind es, die den Wasserkraftausbau nicht nur an der deutschen Donau, sondern überhaupt erheblich in Zeitdruck versetzen:

Zum ersten ist es die sogenannte steuerliche Begünstigung der Wasserkräfte, die seinerzeit geschaffen worden ist, um die steuerlichen Lasten zu mildern, mit denen die Wasserkraftnutzung infolge ihrer Kapitalintensität gegenüber thermischen Kraftwerken im Nachteil ist. Sie soll am 31. Dezember 1967 auslaufen. Wird sie nicht verlängert, werden die Produktionskosten aller nach dem 31. Dezember 1967 begonnenen Wasserkraftanlagen erheblich höher; das kann die Konkurrenzfähigkeit gegenüber anderen Energiequellen so empfindlich vermindern, daß mancher Plan aufgegeben werden muß.

Zum zweiten scheint der technische Fortschritt in der Nutzung der Kernenergie so voranzukommen, daß sie Anfang der siebziger Jahre beginnen wird, mit den klassischen Energiequellen auf rein kommerzieller Basis

in Wettbewerb zu treten. Mit der Entwicklung sehr großer Einheiten dürfte
sie in steigendem Maße billiger werden. Auch unter diesem Gesichtspunkt
wird das Urteil über die Wirtschaftlichkeit der einen oder anderen an der
Donau geplanten Wasserkraftanlage mit fortschreitender Zeit zu revidieren
sein.

Wenn sohin zweifelhaft bleibt, ob an all den Staustufen der deutschen
Donau, an denen unter den heutigen Verhältnissen mit Wasserkraftnutzung
gerechnet werden kann, auch tatsächlich einmal Wasserkraftwerke gebaut
werden, so verbleibt den Stufen im Zuge der Rhein-Main-Donau-Großschiff-
fahrtsstraße doch immer ihre Berechtigung; denn sie sind das einzige ·Mittel,
die Donau zu einer Wasserstraße auszubauen, deren Leistungsfähigkeit ihrer
internationalen Bedeutung entspricht. Es besteht daher kein Zweifel, daß sie
früher oder später als Schiffahrtsanlagen gebaut werden.

(Vortrag, gehalten bei der Tagung des Österreichischen Wasserwirtschaftsverbandes am 6. Mai 1965 in Wien.)

Die österreichische Donau
als Kraftwasser- und Schiffahrtsstraße

Von Direktor Dipl.-Ing. Hans B ö h m e r, Wien

Wenn die Donau bei Passau am rechten Ufer österreichischen Boden berührt, ist sie bereits zu einem mächtigen Energieträger geworden. Als der einzige und außerdem wasserreichste von Mitteleuropa nach dem Osten fließende Strom hat sie dort mit Einbezug des Zuflusses des Inn bei einem Einzugsgebiet von 76 000 km² eine Mittelwasserführung von rund 1580 m³/s; und dieser so wichtige Verkehrsweg nicht nur Österreichs, sondern in Zukunft auch für Europa, hat beim Eintritt in die Tschechoslowakei eine Mittelwasserführung von 1920 m³/s bei einer Größe des Einzugsgebietes von 104 700 km². Von Grenze zu Grenze beträgt die Länge rund 350 km und das Gefälle 155 m, also rund 50 cm auf einen Kilometer. Daß die österreichische Donau ein richtiger Gebirgsfluß ist, kommt verstärkt zum Ausdruck, wenn man die Verhältnisse für den Teil der Donau von der tschechischen Grenze bis zu ihrer Mündung betrachtet; auf einer Länge von 1870 km fällt die Donau um rund 140 m, somit nur um 7 cm je km. Hiebei ist die Steilstufe beim Eisernen Tor nicht berücksichtigt.

Es ist daher verständlich, daß der Schiffahrt durch die große Fließgeschwindigkeit und durch die mannigfaltigen Krümmungen und Untiefen von jeher Schwierigkeiten erwachsen sind. Solange die Schiffahrt noch ohne maschinelle Kraft betrieben wurde und die Bergfahrt mit Pferden auf den Schiffsziehwegen vor sich ging, war vielleicht auch eine Regulierung des Stromlaufes nicht so notwendig. Es darf aber darauf verwiesen werden, daß schon F i s c h e r v o n E r l a c h am 13. März 1696 nicht nur die Genehmigung, sondern auch eine Dotation von 1000 Gulden erhielt, das bei Grein den Schiffahrtstreibenden so viele Schwierigkeiten bereitende Schwalleck wegzusprengen.

Als aber im Jahre 1837 die Erste Donaudampfschiffahrts-Gesellschaft gegründet war, trat sogleich die Notwendigkeit von Regulierungsmaßnahmen auf, und seit dieser Zeit hat sich das Bild des Flußlaufes sehr verändert. Wie alte Stiche der Donau in der Umgebung von Ybbs oder im Tullnerbecken zeigen, war das Strombett noch sehr verästelt.

Nun gibt es aber Hindernisse, die nicht ohne besondere Maßnahmen im Interesse der Schiffahrt behoben werden können.

Wenn daher Anfang dieses Jahrhunderts Ingenieure die Idee hatten, Untiefen und sonstige die Schiffahrt hindernde Schwierigkeiten durch einen Überstau zu entschärfen, so lag es nahe, dies mit der Erzeugung elektrischer Energie zu verbinden. So stammen also erste Entwürfe schon aus dem Jahre 1909, um einerseits bei Wien Hochwasserregulierungen durchzuführen; andererseits aus 1910, um bei Aschach oder Wallsee Krümmungshindernisse durch beruhigtes Wasser zu verbessern. Der immer steigende Bedarf an elektrischer Energie erzwang daher, Untersuchungen anzustellen, die Donau intensiv zur Kraftnutzung auszubauen.

Rahmenplan „Donau"

Es kam dadurch zu sogenannten Ausbau- oder Rahmenplänen. Der erste stammt aus dem Jahre 1917, wobei es nur gelang, die Rohenergie mit 28% auszunutzen. Die technische Entwicklung verbesserte dann den Ausnutzungsgrad. Erst auf Grund eingehender und umfassender Studien, die die Österreichische Donaukraftwerke Aktiengesellschaft — als Unternehmen nach dem Zweiten Verstaatlichungsgesetz aus dem Jahre 1947 — durchführte, war es möglich, eine geschlossene Kraftwerkskette mit einem Ausnutzungsgrad von 79% zu entwickeln (Tabelle 1). Die Zahl der Stufen ergab sich bei dem ersten Entwurf mit 15; nach dem derzeitigen Stand der

Tabelle 1
Kennzeichnende Werte der Staustufen

Werk	Strom-km	Stauziel m ü. A.	Hn bei MW m	Qa m³/sec	Leistung* MW	Jahresarbeit* GWh
Passau-Kachlet	2229,50	299,84	—	—	—	
Jochenstein	2203,33	290,34	10,15	1750	140	940
Aschach	2162,67	280,00	15,13	2040	282	1587
Ottensheim	2146,15	264,00	10,60	2040	210	1030
Mauthausen	2117,00	251,00	10,20	2100	220	1100
Wallsee	2094,24	240,00	9,19	2440	200	1270
Ybbs-Persenbeug	2060,42	226,20	11,03	2100	189	1252
Melk	2034,75	213,50	8,12	2150	137	907
Rossatz	2010,20	203,00	7,47	2150	126	838
Grafenwörth	1984,90	194,00	10,72	2150	182	1203
Tulln	1965,90	182,00	8,14	2250	143	952
Klosterneuburg	1939,64	172,00	10,20	2640	209	1300
Wien	1920,80	159,79	6,90	2640	130	800
Petronell	1890,00	152,00	10,40	2300	193	1280
Wolfsthal	1873,00	141,00	10,00	2400	192	1330
Summe					2404**	14 654**

* Mit Einstau durch Unterlieger.
** Jochenstein und Wolfsthal nur mit halbem Anteil.

Projektierungsarbeiten wird es möglich sein, bei Erhaltung des Arbeitsvermögens ohne die Stufe Linz auszukommen, so daß dann — ohne die Grenzkraftwerke Jochenstein und Wolfsthal — die Zahl der rein österreichischen Donaukraftwerke 12 betragen wird (Abb. 1). Die installierte Leistung ist bei halbem Anteil von Jochenstein und Wolfsthal — 2 404 MW und die dazugehörige Jahresarbeit rund 14,7 Milliarden kWh.

Die Donau als Kraftwasserstraße ist deswegen von besonderem Interesse, weil sehr ausgeglichene Abflußverhältnisse bestehen. Beträgt doch die Wasserführung 43% in den Wintermonaten und 57% in den Sommermonaten.

Nun ist die Projektierung einer Kraftwasserstraße immer schwierig, da die widersprechendsten Forderungen und Wünsche der irgendwie am Donaustrom interessierten Kreise nach dem Grade ihrer Wichtigkeit und ihrer Nützlichkeit berücksichtigt werden müssen. Da nach der derzeitigen Situation die Energiewirtschaft noch das Primat hat und daher schon aus wirtschaftlichen Gründen die Anzahl der Stufen klein gehalten werden soll, heißt das:

Das natürliche Gefälle ist weitgehend auszunutzen; es ist anzustreben, nur wenige Staustufen mit hohem Nutzgefälle und langen Stauhaltungen zu planen, und bezüglich der Deckung des Spitzenbedarfes ist die Schaffung großer Speicherräume zur Erleichterung des Schwellbetriebes vorzusehen.

Da aber keine Kraftwerksanlage gebaut wird, wo nicht auch Gelegenheit gegeben ist, S c h w i e r i g k e i t e n v o n S c h i f f a h r t s s t r e k k e n z u b e h e b e n, ist natürlich besonders diesem Interessenszweig Beachtung zu schenken. Wie schon erwähnt, können Schiffahrtshindernisse

durch Überstauung, Beruhigung der Strömung und Verkleinerung der Fließgeschwindigkeit beseitigt werden;

die Mindestfahrwassertiefe kann mit 2,70 m gewährleistet werden, wie auch ein zweibahniger Schiffsverkehr bei den kleinsten Wasserführungen;

der Einstau aller Abschnitte des Stromlaufes hat lückenlos zu erfolgen;

staufreie Becken müssen daher durch Erhöhung des Stauspiegels an der Staustelle oder durch künstliche Eintiefung des Flußbettes am Stauende vermieden werden;

um die Aufenthalte in den Schleusenanlagen möglichst gering zu halten, sind diese entsprechend groß auszulegen, und es ist für rasche Füllung und Entleerung vorzusorgen;

daß natürlich Schwall und Sunk vermieden werden müssen und alle Maßnahmen zu treffen sind, um die Schiffahrtswege vor Verlandung zu schützen und ebenso die Eisgefahr zu bannen, ist selbstverständlich.

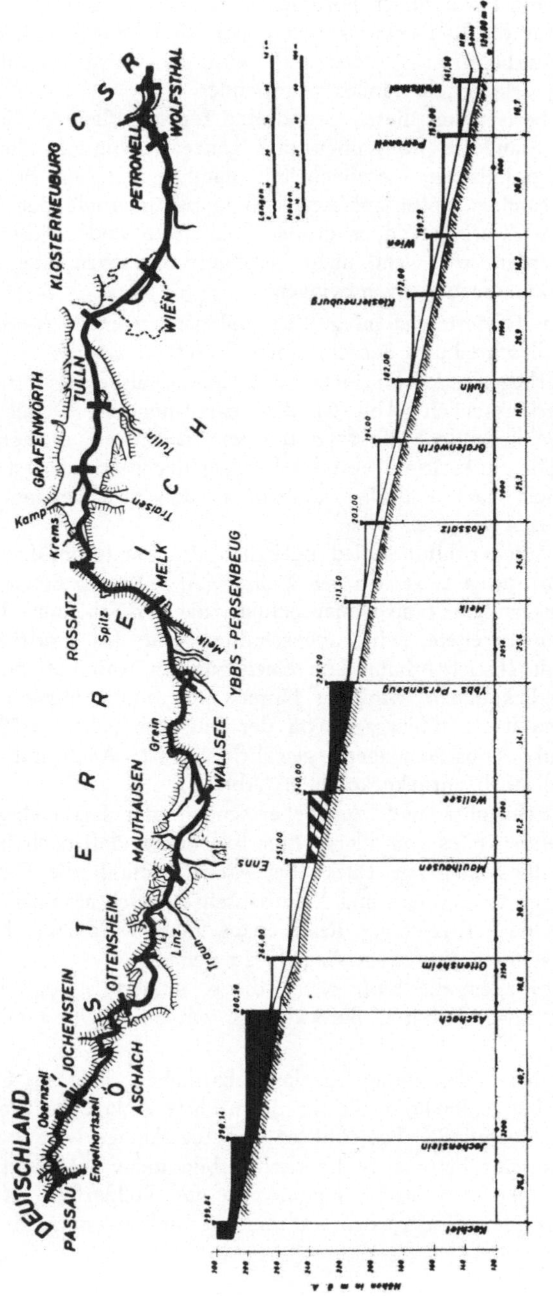

Abb. 1: Längsschnitt und Lageplan der Kraftwerkskette

Die weiteren Forderungen bezüglich Hochwasserschutz, Verkehrsfragen,
Maßnahmen für die Landeskulturstellen usw. sind natürlich in die Planung
einbezogen. Ein besonderes Augenmerk wird der Gewässerreinhaltung und
der Erhaltung des Fischbestandes zugewendet.

Mit der Festsetzung dieser Grundsätze für die Planung (Abb. 1) sind
natürlich die Standorte im großen und ganzen bestimmt. Dazu kommen
noch die topographischen Gegebenheiten, nämlich, daß das Ende von Eng-
tälern sich besonders hiefür anbietet; daß immer oberhalb der Einmündung
eines größeren Zubringers oder großer Siedlungen und Städte die Anlage
vorgesehen werden soll, wenn nicht besondere Ursachen eine Abänderung
dieser Grundsätze sozusagen erzwingen.

Daß diese Forderungen im großen und ganzen erfüllt werden können,
geht aus der Beschreibung der einzelnen Stufen hervor.

Als Unterliegerwerk von Jochenstein kommt als erstes österreichisches
Donaukraftwerk Aschach (Abb. 2), das später noch im Detail beschrieben
wird. Als anschließende Stufe folgt das im Projektstadium stehende Werk
Ottensheim. Die Stufe Linz wird im Verfolg der geschilderten Grundsätze
aller Voraussicht nach entfallen können, so daß anschließend an Ottensheim Mauthausen vorgesehen ist.

Ein wesentlicher Unterschied bezüglich der Baudurchführung der bisher errichteten Stufen zeigt sich bei Wallsee (Abb. 3), bei der mit Mai 1965
der Baubeginn erfolgte. Eine Donauschlinge, die der Schiffahrt bisher große
Schwierigkeiten bereitete, wird abgeschnitten und das Krafthaus in dem
neuen Donaudurchstich erbaut. Um einen zügigen Anschluß an die Unter-
liegerstufe zu bekommen, wird das Unterwasser von Wallsee eingetieft, so
daß ein einwandfreier Übergang von der seit dem Jahre 1959 in Betrieb
stehenden Stufe Ybbs-Persenbeug gewährleistet ist. Auch auf diese Stufe
wird im Detail noch zurückgekommen (Abb. 4).

Für die Schiffahrt und zur Beherrschung der Geschiebeanlandungen
und der Eisgefahr ist es von allergrößter Bedeutung, daß nach Fertigstellung
von Wallsee die bestehende Lücke bis Aschach durch die Errichtung der
fehlenden Stufen Ottensheim und Mauthausen so rasch als möglich geschlos-
sen wird. Erst nach Erreichung dieses ersten Zieles wird man daran denken
können, die weiteren Stufen in Angriff zu nehmen.

Da ist vor allem die Stufe Melk, die so situiert ist, daß keine Beeinträchtigung des wunderbaren Barockstiftes von Jakob P r a n d t a u e r zu
befürchten ist.

Eine ähnliche Überlegung aus landschaftlichen und aus Gründen des
Schutzes von Baudenkmälern gilt für die nächste Anlage bei Rossatz. Auch
hier wird ein Donauknie abgeschnitten und die Anlage weit von Dürnstein
angeordnet, um das bestehende Landschaftsbild nicht zu beeinträchtigen.

Die nun folgenden Stufen kommen in das Tullnerfeld zu liegen. Als
erste Stufe ist hier Grafenwörth zu nennen und als nächste Tulln. Hier

Abb. 2: Luftbild der Stufe Aschach

Abb. 3: Modellbild der Stufe Wallsee-Mitterkirchen

Abb. 4: Luftbild der Stufe Ybbs

werden umfangreiche Flußregulierungen notwendig sein, die letztlich der Schiffahrt zugute kommen.

Die nächsten zwei Stufen sind insoferne kritisch, als bei ihrer Projektierung auch Hochwasserfragen der Bundeshauptstadt Wien zu berücksichtigen sind. Für die Stufe Klosterneuburg liegen zwei Projekte vor, die derzeit in Diskussion stehen. Bei dem einen liegt die Anlage in einem neu angelegten Donaudurchstich, der andere Entwurf sieht das Kraftwerk unmittelbar im Donaustrom vor.

Der Bau der Stufe Klosterneuburg bedingt aber, daß zeitlich sogleich anschließend die Stufe Wien errichtet wird, da durch die unvermeidlichen Unterwasser-Eintiefungen sonst der Schiffsverkehr in der Strecke Wien in Mitleidenschaft gezogen würde. Auch hier gibt es mehrere Entwürfe. Einmal wird die Anlage im Zusammenhang mit einem Hochwasserkanal vorgesehen, ein Entwurf, der den Wünschen der Bundeshauptstadt Wien entspricht, da er städtebauliche Maßnahmen berücksichtigt. Ein anderer Entwurf empfiehlt an Stelle des Kanals eine Verbreiterung des Donaustrombettes. Die Diskussion hierüber ist in einem ersten Verfahren abgeschlossen, und das letzte Wort über den endgültigen Entwurf noch nicht gesagt.

Die letzte Stufe Petronell konnte örtlich noch nicht festgelegt werden, da dies davon abhängt, ob das Grenzkraftwerk Wolfsthal ausgeführt wird oder nicht. Bei Nichtausführung wird die Stufe statt bei Petronell bei Hainburg liegen.

Nach der Beschreibung der geplanten Stufen in der österreichischen Donau mögen nun einige Details der bereits in Betrieb stehenden Kraftwerke folgen.

Stufe Ybbs-Persenbeug

Das Kraftwerk Ybbs-Persenbeug, das als erstes in der österreichischen Donau fertiggestellt wurde, hat eine lange Entwicklungsgeschichte. Der Schweizer Ingenieur Oskar H ö h n hat im Jahre 1923 den ersten Entwurf vorgelegt, das Projekt wurde verhandelt und auch der wasserrechtliche Bescheid im Jahre 1929 erteilt. Infolge der schwierigen wirtschaftlichen Situation in diesen Jahren kam es nicht zur Ausführung. Aber im Jahre 1938 erwarb die Rhein-Main-Donau Aktiengesellschaft das Projekt und begann im Auftrage der Reichswasserstraßenverwaltung mit dem Bau. Darauf sei besonders hingewiesen, weil zu dieser Zeit den Interessen der Schiffahrt ein gewisser Vorrang eingeräumt war. Aus kriegsbedingten Gründen wurde der Bau im Frühjahr 1944 eingestellt und erst nach Freigabe durch die sowjetische Besatzungsmacht im Juli 1953 wieder mit der Fortsetzung begonnen.

Zu dieser Zeit konnte auch bei der Aufstellung des Rahmenplanes festgestellt werden, daß die Örtlichkeit, die H ö h n gewählt hatte, absolut richtig war. Bei noch so eingehender Untersuchung und Variierung der verschiedenen Möglichkeiten blieb der Standort Ybbs-Persenbeug unverändert. Daß H ö h n diese Stelle gewählt hat, ist nicht nur darauf zurückzuführen, daß die Errichtung einer Anlage durch die örtlichen Verhältnisse — also am Ende eines Engtales — gegeben war, sondern daß mit der Stauerrichtung auch die sehr unliebsamen Schiffahrtshindernisse im Strudengau behoben werden konnten.

Bei Wiederaufnahme der Bauarbeiten im Jahre 1953 konnte auf die bereits während des Krieges geleisteten Vorarbeiten nicht verzichtet werden. Der bestehende Kastenfangdamm am linken Ufer für die Baugrube der Schleuse war daher für die Anordnung der einzelnen Bauwerksteile maßgebend. Die bisher getroffenen Dispositionen waren allerdings für ein Unterwasserkraftwerk nach Arno F i s c h e r ausgelegt. Um an Bauzeit zu gewinnen, war es daher notwendig, solche Bauabschnitte zu wählen, die möglichst rasch eine Betriebsaufnahme zuließen. Dies war der Hauptgrund, warum das Kraftwerk, bestehend aus 6 Maschinensätzen, geteilt angeordnet wurde. Auf die am linken Ufer befindliche Schleuse folgt daher das sogenannte Nordkrafthaus, in Strommitte kam die Wehranlage zu liegen, so daß am rechten Ufer das Südkrafthaus einschließlich Betriebsgebäude angeordnet wurde. Um bei Hochwasser die Abflußverhältnisse günstiger zu gestalten, und um die im Projekt vorgesehene Straßenbrücke zu ermöglichen, wurde die Werksachse zum oberwasserseitigen Schleusenhaupt verlegt.

Dieses Projekt wurde im Dezember 1953 der Wasserrechtsbehörde zur Genehmigung eingereicht; die Wasserrechtsverhandlung wurde im Jahre 1954 durchgeführt. In diese Zeit der Verhandlung fällt auch das Hochwasser 1954, das allerdings, weil die Bauarbeiten noch nicht begonnen hatten, keine Schäden anrichtete. Der Baubeginn konnte mit 15. Oktober 1954 angesetzt werden.

Im ersten Bauabschnitt wurde die stromnahe Südschleuse ausgeführt und am rechten Ufer das Südkraftwerk mit zwei Wehrfeldern begonnen. Dadurch verblieb der Schiffahrt, die ungehindert vor sich ging, eine freie Durchfahrt von 150 m. Im darauffolgenden Bauabschnitt, der als eine Inselbaugrube für weitere zwei Wehrfelder vorgesehen war, konnten die Donauwasser durch die restliche freie Strecke von 90 m und durch zwei Wehrfelder abgeführt werden, und im weiteren Vorgang konnte auch die schon vorzeitig begonnene Südschleuse für den Schiffsverkehr freigegeben werden. Der letzte Bauabschnitt brachte die Vollendung der Nordschleuse, des Nordkraftwerkes und des fünften und letzten Wehrfeldes.

Dieser Bauabschnitt ermöglichte auch bereits einen Anstau der Donau, und so konnte, während das Nordkraftwerk noch im Bau war, das Südkraftwerk bereits im Herbst 1957 die Stromerzeugung aufnehmen. Die Fertigstellung und Inbetriebnahme erfolgte dann im Frühjahr 1959, so daß seit dieser Zeit bis Mai 1965 das Donaukraftwerk Ybbs-Persenbeug 8,4 Milliarden kWh erzeugt hat.

Die Stauerrichtung war aber nur möglich, weil die erforderlichen Arbeiten im Stauraum zeitgerecht beendet wurden. Hier war es nicht nur notwendig, die technischen Maßnahmen zu erfüllen, sondern auch den Wünschen des Landschaftsschutzes und des Naturschutzes zu entsprechen. Vor allem ging es darum, der Schiffahrt die erwähnten Verbesserungen zu bringen. Das bisher den Schiffahrtstreibenden große Schwierigkeiten bereitende S c h w a l l e c k beim Ort Grein mußte gesprengt werden (Abb. 5 und 6). Es war dies eine vorbildliche Leistung der beschäftigten Unternehmung, da die Absprengung von 300 000 m³ Fels in 11 Monaten durchgeführt werden konnte. Durch das Wegsprengen der bestehenden Einengung konnte auch erreicht werden, daß das Hochwasser gesenkt und somit dem am Stauende liegenden Machland eine Verbesserung gebracht wurde.

Die zweite für die Schiffahrt einschneidende Verbesserung war die Schiffbarmachung des H ö ß g a n g e s. Der Hößgang war völlig verlandet. Durch Ausbaggerung und durch die dann erfolgte Stauerhöhung konnte also der bisher bestehende Einbahnverkehr auf diese Weise behoben werden. Die seit Jahrhunderten bestehenden Schiffahrtshindernisse waren somit beseitigt

Abb. 5: Das Schwalleck vor der Absprengung

Abb. 6: Die Stadt Grein mit dem abgesprengten Schwalleck

und der Schiffsverkehr im Strudengau nunmehr bei Tag und Nacht zwei-bahnig möglich (Abb. 7).

Die an der Donau gelegenen Ortschaften, im besonderen Sarmingstein, St. Nikola, Struden und Grein, mußten infolge des erhöhten Wasserspiegels Veränderungen erfahren; und wenn sich heute dem Besucher und dem Durchfahrenden ein Anblick bietet, der allgemeine Anerkennung findet, so ist dies der Zusammenarbeit der Österreichischen Donaukraftwerke Aktien-gesellschaft mit den zuständigen Behörden zu danken. Bezüglich des Land-schaftsschutzes wurden auch hier alle Wünsche erfüllt, wie eine Reise durch den Stauraum erkennen läßt.

Ein weiteres Hindernis für die Schiffahrt war die 5 km flußabwärts von Ybbs-Persenbeug liegende S a r l i n g e r S c h w e l l e, die durch die natürliche Unterwassereintiefung beim Kraftwerksbetrieb selbstverständlich große Erschwernisse für die Schiffahrt brachte (Abb. 8). Die Absprengung dieser Schwelle geschah während der Winterperiode 1962/63, und auch hier haben die Schiffahrtstreibenden nun die Möglichkeit, zweibahnig zu fahren.

Stufe Aschach

Während der Durchführung der Bauarbeiten von Ybbs-Persenbeug wurde bereits Aschach projektiert, da ja diese Stufe als nächste in Betracht kam, um den Anschluß an Jochenstein zu finden. Außerdem sollte ja der Stauraum von Aschach durch seine Größe die Grundlage für einen späteren Schwellbetrieb sein. Da Aschach am Ende einer Donauengstrecke liegt, waren somit ähnliche Verhältnisse für die Baudurchführung zu erwarten wie bei Ybbs-Persenbeug. Allerdings konnten infolge des engen Tales nur vier Maschinensätze angeordnet werden, daher war die Baudurchführung bezüg-lich der einzelnen Bauabschnitte einfacher. Die größeren Schwierigkeiten entstanden nur dadurch, daß ja die Donau um rund 16 m gestaut werden sollte, damit das Stauende bei Jochenstein zu liegen käme.

Die Schleusen sind rechtsufrig angeordnet, anschließend folgt das Kraftwerk, und die Wehranlage bildet den Abschluß zum linken Ufer. Da nur vier Maschinensätze angeordnet waren, ergaben sich daher sehr große Dimensionen für die Turbinen und Generatoren. Die Turbinen mit einem Laufraddurchmesser von 8,40 m gehören mit zu den größten in Mittel-europa. Gewaltige Abmessungen zeigen auch die Schleusenverschlüsse, wobei es gelang, die Stemmtore zum ersten Mal in Europa in vollständig geschweiß-ter Ausführung herzustellen.

Bezüglich der S c h l e u s e n f ü l l u n g und - e n t l e e r u n g wurden gegenüber Jochenstein und Ybbs-Persenbeug auch große Abänderungen durchgeführt. Die Füllung und Entleerung erfolgt nicht mehr vom Ober-hafen aus bzw. in den Unterhafen, sondern das Wasser wird unmittelbar

44

Abb. 7: Der schiffbare Hößgang rechtsseitig

Abb. 8: Baustelle Sarling

Abb. 9: Schlögener Schlinge

aus dem Strom entnommen, um Sunk- und Schwallerscheinungen zu vermeiden, die den Schiffen beim Anlegen in den Häfen Schwierigkeiten bereiten. Dadurch war es aber auch möglich, Füllung und Entleerung durch unterirdische Kanäle zu bewerkstelligen, wobei das Wasser durch Schlitze in der Schleusensohle eingeführt und abgeführt wird. Durch die Maßnahme gelang es auch, die Schleusungszeiten gleich mit Ybbs-Persenbeug zu halten; werden doch für die Füllung je nach Wasserführung der Donau 90 000 bis 120 000 m³ benötigt gegenüber Ybbs-Persenbeug mit 60 000 bis 90 000 m³.

Der Baubeginn war Oktober 1959 und die erste Maschine lieferte im September 1964 Strom ins österreichische Verbundnetz. Es war dies eine gewaltige Leistung, wenn bedacht wird, daß während dieser Zeit rund 1 100 000 m³ Beton beim Hauptbauwerk eingebracht wurden.

So wie bei Ybbs-Persenbeug hat auch hier die Wasserspiegelerhöhung der Schiffahrt im Stauraum von Aschach große Erleichterungen gebracht. Die wegen ihrer Naturschönheit bekannte S c h l ö g e n e r S c h l i n g e (Abb. 9) kann nunmehr gefahrlos befahren werden. Zwei im Stauraum befindliche Ortschaften, Untermühl und Obermühl, die vollständig unter Stau kamen, wurden abgebrochen und neu errichtet. Auch sie geben dem Vorbeifahrenden Zeugnis von verständnisvoller, den Landschaftscharakter bewahrender Arbeit.

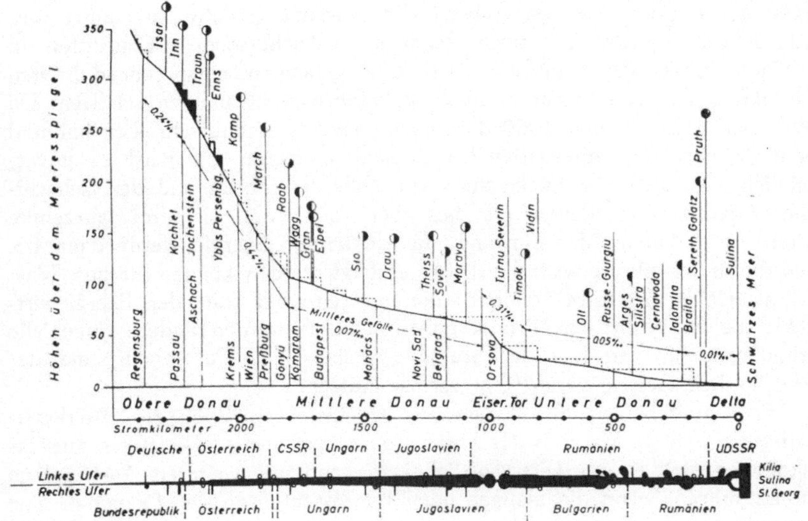

Abb. 10: Gesamtlängenprofil der Donau mit den ausgeführten und
projektierten Stufen

Die derzeit im Bau befindliche

Stufe Wallsee

wurde bereits kurz erwähnt. So wie bei allen bestehenden Anlagen wird das
Betriebsgebäude rechtsufrig angeordnet, dann schließt das Krafthaus mit
sechs Maschinensätzen an, dann die sechsfeldrige Wehranlage, und die
Schleusenanlage kommt somit an das linke Ufer zu liegen. Die Anlage
selbst ist in einem Augebiet zu errichten, und die Donau bekommt ein neues
Flußbett. Das dann abgeschlossene Donaubett bei Wallsee bleibt erhalten
und dient verschiedenen Bedürfnissen. Um das neue Donaubett zu gewinnen,
sind rund 8 Mill. m³ Baggermaterial zu bewältigen. Durch das Abschneiden
der Donauschlinge bei Wallsee wird auch hier eine unangenehme Schiff-
fahrtsstrecke entschärft.

Ausblick

Bezüglich der Zukunftsaussichten ist darauf hinzuweisen, daß von deut-
scher Seite angestrebt wird, den Rhein-Main-Donau-Kanal beschleunigt auszubauen, so daß in der Mitte des nächsten Jahrzehnts dieser Kanal die
Donau erreicht. Damit wird der Europa-Kanal zur Wirklichkeit. Österreich
übernimmt aber damit eine große Verpflichtung. Die Abbildung 10 gibt
einen Überblick über den gesamten Donauausbau bis zur Sulinamündung.

Es ist beabsichtigt, von der tschechischen Grenze flußabwärts außer der Anlage beim Eisernen Tor noch weiter 8, vielleicht sogar 9 Staustufen zu errichten, um so der Schiffahrt einen durchgehenden, entsprechend breiten und tiefen, Tag und Nacht zweibahnig befahrbaren Kanal zu schaffen. Da Österreich am 7. Jänner 1960 die Donaukonvention unterschrieben hat und somit Mitglied der Internationalen Donaukommission ist, wird es unvermeidlich sein, auch die Lücke zwischen Ybbs-Persenbeug und der tschechischen Grenze zu schließen. Da dies aber noch zwei bis drei Jahrzehnte dauern wird, kommt der Einwand, die elektrische Energie werde dann bereits durch Atomkraft wirtschaftlicher erzeugt werden können als aus Wasserkraftanlagen. Es wird somit zu diesem Zeitpunkt statt der Energiewirtschaft die Schiffahrt das Primat haben, und es werden andere finanzielle Grundlagen für den Bau der Stufen zwischen Ybbs-Persenbeug und der tschechischen Grenze geschaffen werden müssen.

Es liegt daher nahe, auf den vom Verfasser anläßlich der Weltkraftkonferenz 1956 in Wien in der Diskussion vorgetragenen Gedanken zurückzukommen, daß es nur wirtschaftlich kein kann, die weiteren Ausbaupläne durchzuführen, wenn die maßgebenden Interessenten an der Donau in eine Gesellschaft zusammengeschlossen werden, nämlich die Schiffahrt, die Krafterzeugung, die Verantwortlichen für die Erhaltung des Donaubettes, die Interessenten für Verkehr und Landwirtschaft und zumindest auch die Bundeshauptstadt Wien und die Stadt Linz. Nur der Zusammenschluß aller Beteiligten für den Ausbau und die Erhaltung des Donaustromes gibt dann die Gewähr, daß schließlich die Europa-Wasserstraße von der Nordsee bis zum Schwarzen Meer Wirklichkeit wird.

(Vortrag, gehalten bei der Tagung des Österreichischen Wasserwirtschaftsverbandes am 6. Mai 1965 in Wien.)

Die Nutzung der Wasserkräfte
der mittleren und unteren Donau

Von Dozent Dr.-Ing. Ede K e r t a i, Budapest

Von Devin bis zu ihrer Mündung in das Schwarze Meer wurde in der Donau bisher noch kein Wasserkraftwerk gebaut. Dabei verfügt dieser Stromabschnitt, der zwei Drittel der gesamten Donaulänge umfaßt, über ein mächtiges Wasserkraftpotential. Sein durchschnittlicher theoretischer Energievorrat kann auf 50—60 Milliarden kWh geschätzt werden, wovon rund 35 Milliarden kWh wirtschaftlich verwertet werden könnten.

Die Geschichte der Donau als Wasserstraße reicht weit zurück. Um sie aber in eine verläßliche Wasserstraße zu verwandeln, waren weitgehende Stromregulierungen notwendig. Die Nutzung der Wasserkraft hingegen ließ bisher auf sich warten. Die Gründe hiefür waren aber auch vollkommen einleuchtend: Dieser rund 2000 km lange Stromabschnitt weist in seiner ganzen Länge — von einigen Ausnahmen abgesehen — nur ein geringes Gefälle auf. Seine wirtschaftliche Nutzung bei einer unterschiedlichen Wasserführung wurde erst durch die Erfindung der Kaplanturbine ermöglicht. Aber auch auf dem Gebiete des Wasserbaues mußte eine große Entwicklung erfolgen, bis überhaupt der Bau solcher Staustufen, die selbst eine Hochwasserführung von 10—20 000 m³/sec ohne ernste Schwierigkeiten abzuleiten vermögen, in Frage kommen konnte. Zweifellos beanspruchten die am Strom liegenden, damals noch industriell wenig entwickelten Länder auch keine solchen Energiemengen, zudem verfügten sie auch noch nicht über das wirtschaftliche Potential zur Realisierung solcher Investitionen. Die nach dem zweiten Weltkrieg einsetzende intensive Entwicklung stellte auch an die Energiegewinnung erhöhte Anforderungen und lenkte die Aufmerksamkeit der an dieser Donaustrecke gelegenen Staaten nunmehr auf die konkrete Nutzung der Wasserkraft des Stromes.

Einen weiteren Ansporn für den Projektanten bildeten die im Oberlauf der Donau errichteten Wasserkraftwerke, bei denen allerdings das größere Gefälle einen höheren Wirkungsgrad gewährleistete, weshalb auch der Bau von Kraftwerken früher begann.

Die besten Möglichkeiten zogen bereits vor langer Zeit die Aufmerksamkeit der Fachleute auf sich. Es wurden auch wiederholt Pläne zur Nutzung kürzerer Stromabschnitte ausgearbeitet. Vor allem war es das aus der Reihe der Möglichkeiten herausstechende Eiserne Tor, das schon vor Jahrzehnten die Techniker beschäftigte. Aber es existierten auch Pläne zur Nutzung des Donauarmes bei Moson (südlich von Preßburg) und bei Szentendre (nördlich von Budapest). Dies waren jedoch nur vereinzelte Lösungsversuche. Nach dem Weltkrieg untersuchten die Donauländer — jedes für sich allein — die Möglichkeit einer Nutzung der Wasserkraft des Stromes, aber auch diese Pläne waren nicht koordiniert, und es fehlte ein für diesen ganzen Donauabschnitt gültiges einheitliches Konzept.

Einen Wendepunkt stellte das Jahr 1957 dar, als die Ständige Kommission für elektrische Energie des Rates für Gegenseitige Wirtschaftshilfe (RGW) den Gedanken einer komplexen Nutzung der Donau aufwarf und die Ausarbeitung eines umfassenden Studienplanes beschloß. Dessen oberstes Ziel war die Entwicklung eines R a h m e n p l a n e s, der es ermöglicht, daß die interessierten Länder ihre Wassernutzungspläne entweder jedes für sich gesondert oder aber, aufeinander abgestimmt, mit einem oder mehreren Nachbarn zusammen nach einheitlichen Prinzipien zu realisieren vermöchten.

Der Plan, an dessen Ausarbeitung die Projektanten sämtlicher Anrainerstaaten teilnahmen, wurde 1961 mit einer Empfehlung des RGW angenommen. Dies erleichtert eine Ausarbeitung der Detailpläne der einzelnen Stufen ganz bedeutend.

Der Plan zur komplexen Nutzung der Donau ist tatsächlich von umfassender Natur. Er nutzt, den Interessen sämtlicher Länder entsprechend, den Wassérvorrat für alle Zweige der Volkswirtschaft optimal aus. Er erstreckt sich außerdem auf alle Gebiete der Wasserwirtschaft, weist dem Hochwasserschutz, der Binnenwasserfrage, der Bewässerung, der Schiffahrt, der Fischerei und der Trink- und Industriewasserversorgung klar die Aufgaben zu und läßt auch die Fragen der Erholung und des Wassersports nicht unbeachtet.

Die Donau zwischen Marchmündung und Schwarzem Meer

Das Einzugsgebiet der Donau wird von den es begrenzenden Gebirgszügen in drei charakteristische Gebiete geteilt: in das Hochplateau des Donauoberlaufes, in die Kleine und Große Tiefebene entlang des mittleren Stromabschnittes und in die Weite der unteren Donau.

Diese Ebenen werden von jenen Stromabschnitten voneinander getrennt, in denen die Berge bis an die Ufer herantreten: beim Tor von Devin, beim Durchbruch bei Visegrád und beim Eisernen Tor. Die m i t t l e r e D o n a u beginnt an der Marchmündung bei Devin, wo sie in das Karpatenbecken strömt, und endet beim Durchtritt durch die Südketten der Karpaten in die Walachische Tiefebene bei Turnu-Severin (Fkm 1880—930). Die u n t e r e D o n a u umfaßt den Abschnitt von Turnu-Severin bis zur Mündung (Fkm 930—0).

Sobald die Donau die Ebenen des M i t t e l l a u f e s erreicht, nimmt auch sie allmählich Ebenencharakter an. In diesem Abschnitt fließen ihr ihre großen Nebenflüsse zu: die Drau, die Theiß und die Save. Infolgedessen steigt die mittlere Wasserführung um mehr als das Doppelte, nämlich von 2000 m³/sec. auf 5300 m³/sec. Die Wasserführung des Stromes wird ausgeglichener — das Verhältnis der Niedrigwasser zu den Hochwassern sinkt von 1 : 20 auf 1 : 10. Das Bett des Stromes besteht aus alluvialen Schichten, und nur an vereinzelten Punkten tritt das feste Gestein zutage, sein Gefälle sinkt von 35 cm/km plötzlich unter den Wert von 10 cm/km. Bei Gönyü (Fkm 1791) lagert der Strom den Großteil seines Geschiebes ab, das weiter beförderte Gerölle aber wird bis zur Südgrenze Ungarns vollkommen zerkleinert. In diesem Abschnitt breitet sich die Donau aus, teilt sich in mehrere Arme und wird mäanderförmig. Für die Eisführung ist dieser Abschnitt der gefährlichste. Diese Mäanderbildung hält bis zur Fruschka Gora an.

Bei Moldova Veche erreicht die Donau die Südkarpaten. Dies ist das größte Erosionsflußtal Europas. Die Donau durchbricht die Karpaten, bzw. das deren Fortsetzung bildende Balkangebirge in einem etwa 120 km langen Abschnitt. Dieser erstreckt sich von Moldova Veche (Fkm 1049) bis Turnu-Severin (Fkm 930).

Nach den ebenen ungarischen und jugoslawischen Abschnitten wird die Donau zu einem Gebirgsstrom zwischen steilen Berghängen, die in der Enge von Kazan *) eine nur 150—180 m breite Schlucht bilden (Abb. 1). Hier

*) Die große Kazanenge liegt im Abschnitt Fkm 973,8—970, die kleine bei Fkm 968,8—965,4.

Abb. 1: Die Enge von Kazan

wächst die Wassertiefe bis auf 75 m. Unterhalb dieser Enge folgt nach der malerischen Insel Ada Kaleh ein felsiger Abschnitt, in dem die Wassertiefe stark abnimmt und bei Niedrigwasser stellenweise sogar auf 0,50 m absinkt. Über die Felsschwelle von Prigrada stürzt das Wasser mit einer Geschwindigkeit von 5 m/sec. Dieser etwa drei Kilometer lange felsige Abschnitt der Donau, das sogenannte Eiserne Tor, stellte das gefährlichste Hindernis für die Schiffahrt dar und ist auch heute noch der Engpaß der Donauschiffahrt.

Die u n t e r e· Donau beginnt bei Turnu-Severin. Dieser 930 km lange Abschnitt besitzt wieder einen typischen Ebenencharakter. Die durchschnittliche Wasserführung schwankt zwischen .5600 und 6430 m³/sec. Das Verhältnis zwischen der kleinsten und größten Wassermenge liegt bei 1 : 10. Das Gefälle sinkt bis zur Mündung bis auf 0,5 cm je Kilometer ab. Die drei Arme des berühmten Donaudeltas umschließen ein Gebiet von rund 2300 km². Die Schiffahrt wickelt sich seit über hundert Jahren in dem mittleren, dem Arm von Sulina ab.

Die charakteristischen hydrologischen Daten des mittleren und unteren Donauabschnittes zwischen der Marchmündung und dem Schwarzen Meer sind in der Tabelle 1 zusammengefaßt. Der 1882 km lange Stromabschnitt berührt 6 Länder — die Tschechoslowakei, Ungarn, Jugoslawien, Rumänien, Bularien und die Sowjetunion (Tab. 2).

Tabelle 1

Die charakteristischen hydrologischen Daten der Donau zwischen Preßburg und der Mündung

Flußprofil	Entfernung von der Mündg. in km	Einzugsgebiet in km²	NNQ	MQ	HHQ	Gefälle ‰	HHQ / NNQ
			(A n g a b e n in m3/sec)				
Preßburg	1869	131.290	560	2050	10.900	0,35	20
Gönyü	1791	150.262	570	2100	9.500	0,10	18
Nagymaros	1695	183.262	590	2360	8.600	0,07	15
Budapest	1647	184.767	590	2360	8.400	0,075	14
Mohács	1447	208.822	620	2400	7.700	0,051	12,4
Novi Sad	1255	254.085	820	3000	8.000	0,054	9,8
Beograd	1171	512.800	1400	5320	13.500	0,039—1,994	9,7
Orsova	955	574.900	1500	5610	16.000	0,050	10,6
Calafat	795	584.000	1510	5620	16.000	0,047	10,6
Giurgiu	493	668.700	1610	5900	16.000	0,037	10,0
Cernavoda	300	701.000	1650	5950	16.000	0,037	9,7
Braila	170	717.900	1660	5980	15.500	0,01—0,004	9,4
Mündung	0	817.000	1700	6430	17.000		10,0

Tabelle 2

Anteil der Staaten an den Donau-Ufern

Staat	Linkes Ufer	Rechtes Ufer	%
Tschechoslowakei	172	23	3,4
Ungarn	275	417	12,2
Jugoslawien	358	587	16,5
Rumänien	941	375	24,2
Bulgarien	—	471	7,0
Sowjetunion	133	—	2,3

Pläne zur Nutzung der Wasserkraft der mittleren und unteren Donau

Der Plan zur komplexen Nutzung der Donau verteilt — bei Berücksichtigung früherer Konzeptionen und Entwürfe — die Wasserkraftwerke so, daß der gesamte Wasservorrat von der österreichischen Grenze bis zur Mündung möglichst vollkommen ausgenützt und durch die Staustufen die zusammenhängende Kanalisierung des Stromes realisiert werde. Nur der Abschnitt zwischen der ungarisch-jugoslawischen Grenze und der Stauwurzel des Kraftwerkes am Eisernen Tor bildet hievon eine Ausnahme, weil dessen Nutzung

Tabelle 3

Die geplanten Wasserkraftwerke der mittleren und der unteren Donau

Kraftwerk	Installierte Leistung (in MW)	Durchschnittl. Jahresproduktion (in Mill. kWh)	Zugehörigkeit
1. Wolfsthal—Bratislava	207	1 224	Österreich—Tschechoslowakei
2. Dunakiliti	16	90	Tschechoslowakei—Ungarn
3. Gabčikovo	706	2 830	Tschechoslowakei—Ungarn
4. Nagymaros	175	1 001	Tschechoslowakei—Ungarn
5. Adony	150	775	Ungarn
6. Fajsz	100	650	Ungarn
7. Djerdap (Eisernes Tor)	2100	10 700	Jugoslawien—Rumänien
8. Gruja	364	2 400	Jugoslawien—Rumänien
9. Izlas-Somovit	670	3 430	Rumänien—Bulgarien
10. Cernavoda	880	4 000	Rumänien—Bulgarien
11. Izmail-Tulcea	400	2 100	Sowjetunion—Rumänien
	5768	29 000	

vorläufig noch nicht eingeplant ist. Jugoslawien verfügt nämlich an anderen Stellen über Möglichkeiten zur Energiegewinnung, die aus natürlichen und wirtschaftlichen Gründen bei weitem günstiger sind.

Der Rahmenplan der Wasserkraftnutzung umfaßt 11 Kraftwerke (Tab. 3). Ihre Gesamtkapazität beträgt rd. 5800 MW und ihre durchschnittliche Jahresleistung 29 Mrd. kWh. Die mittlere Fallhöhe der Kraftwerke bewegt sich zwischen 4 m beim Kraftwerk von Fajsz und 26 m beim Eisernen Tor (Abb. 2 und 3). Aus der Tabelle 3 geht hervor, daß der Plan auch jene Kraftwerke enthält, an deren Bau Länder teilnehmen, die nicht Mitglied des RGW sind.

Von den im Plan aufgezählten Kraftwerken sind die wirtschaftlichsten das Kraftwerk im Eisernen Tor, das Wasserkraftsystem von Gabcikovo-Nagymaros und das Kraftwerk von Izlas-Somowit. Am erstgenannten wird seit einem Jahr gebaut. Von den übrigen steht das gemeinsame ungarisch-tschechoslowakische System der Realisierung am nächsten. Von diesen beiden soll im folgenden eingehender die Rede sein.

Der Bau der Staustufen wird nicht allein der Wasserkraftnutzung dienen, sondern auch anderen Zwecken. Von diesen sind in erster Linie die Bewässerung und die Verbesserung der Schiffahrtsverhältnisse hervorzuheben.

Nach den Plänen der unteren Donaustaaten soll bis zu den Jahren 1975 bis 1980 ein Gebiet von rund 50.000 km² bewässert werden, was ein Vielfaches der jetzigen Fläche darstellt. Die Kanalisierung des Stromes gewährleistet als perspektives Ziel die B e w ä s s e r u n g eines Gesamtgebietes von 110.000 km².

Der derzeitige F r a c h t v e r k e h r auf der Donau erreicht rund 20 Mill. Tonnen jährlich. Die minimale Wassertiefe ist aber in der mittleren Donau 1,2—2,2 m, im Unterlauf sogar nur 1,8—2,0 m. Dieser Wert und die sich daraus naturgemäß ergebende geringe Belademöglichkeit der Schiffe bremsen wegen der so entstehenden relativ hohen Transportkosten die Entwicklung des Frachtverkehrs stark ab.

Nach dem Bau der Staustufen und nach der Beendung der im ungarischen und jugoslawischen ungestauten Stromabschnitt notwendigen Flußbettkorrekturen und Baggerarbeiten kann von der Marchmündung bei Devin bis zur Mündung auf der ganzen Länge eine Fahrwassertiefe von 3,65 m garantiert werden. Als Zwischenziel ist zunächst eine Wassertiefe von 3,0—3,25 m vorgesehen.

Als Ergebnis des Ausbaues einer breiteren und tieferen Rinne werden Schiffe größerer Tonnage eingesetzt werden können, und der Schiffsverkehr wird sich nicht nur auf die Tagesstunden beschränken, sondern auch nachts möglich sein, wodurch die Transportkosten wesentlich sinken werden und das jährliche Frachtvolumen voraussichtlich auf 45—50 Mill. t ansteigen wird.

Ein weiterer Verkehrszuwachs ist vom Ausbau des W a s s e r s t r a ß e n - s y s t e m s der Donau zu erwarten. Die in diesen Abschnitten geplanten schiffbaren Kanäle der Donau sind folgende: der Donau-Oder-Kanal, der

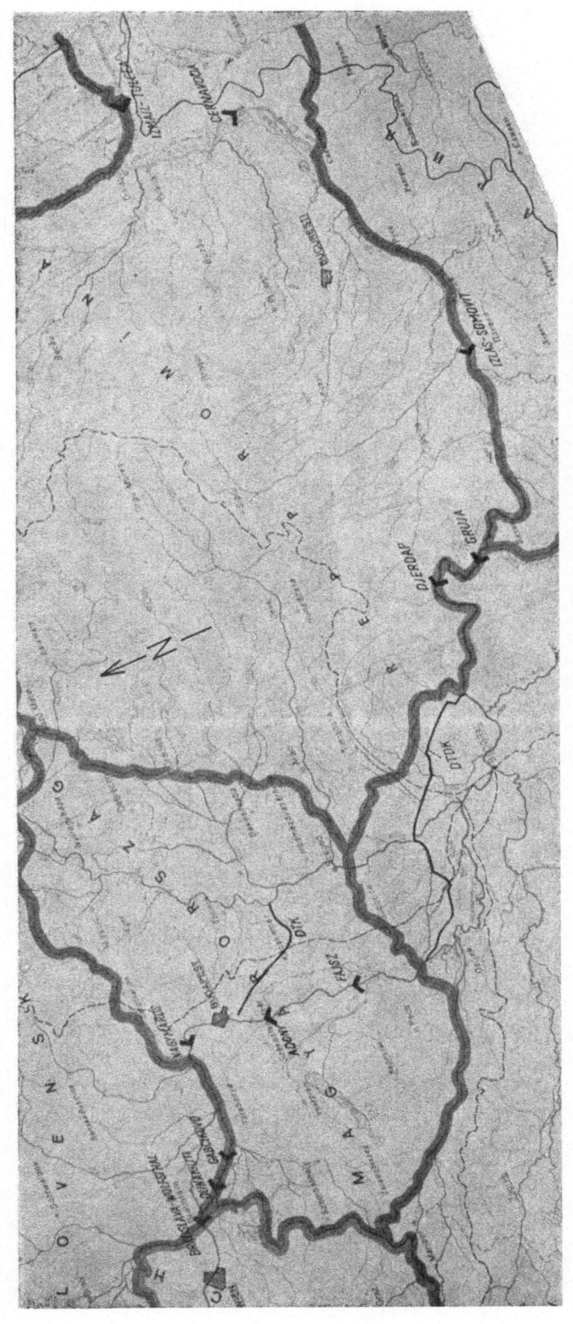

Abb. 2: Karte der an der mittleren und unteren Donau geplanten
Wasserkraftwerke

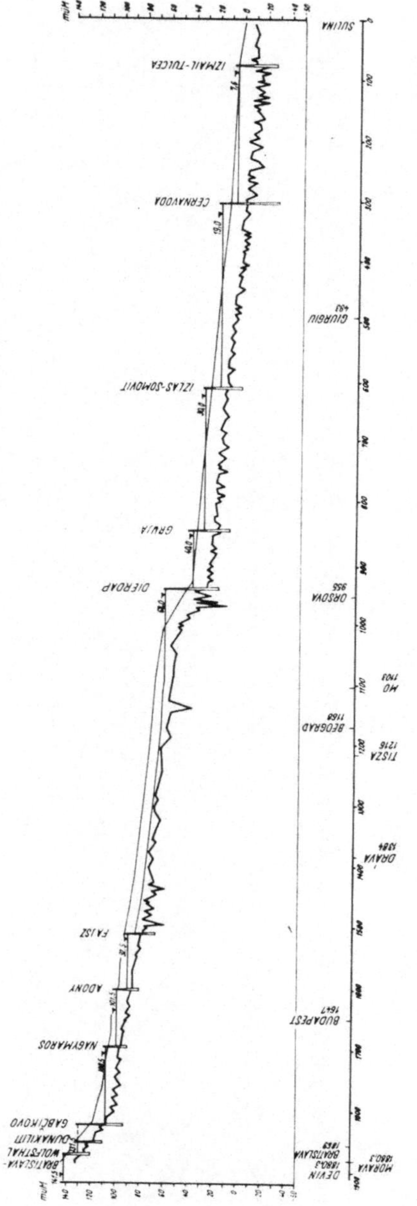

Abb. 3: Längenprofil der Donau mit den geplanten Wasserkraftwerken

56

Donau-Theiß- und der Donau-Theiß-Donau-Kanal, der Kanal zwischen der Donau und dem Schwarzen Meer und der Donau-Bug-Dnjepr-Kanal.

Der erste, der D o n a u - O d e r - K a n a l, benützt teilweise das Flußbett der March. Die Verbindung zwischen ihr und der Oder sichert ein künstlich angelegter Wasserweg. Die Gesamtlänge dieser Wasserstraße, die über 16 Stufen führt, wird 267 km betragen.

1947 wurde in Ungarn der Bau des D o n a u - T h e i ß - K a n a l s (Abb. 2, DTK) in Angriff genommen, und zwischen den Gemeinden Taksony und Sári ein 22 km langer Abschnitt in halber Breite fertiggestellt. Zur Zeit ruht diese Arbeit. Der etwa 100 km lange Kanal wird mit seiner mittelhohen Linienführung nach seinem endgültigen Ausbau das Zwischengebiet der Donau-Theiß mit Bewässerungswasser versorgen und dadurch den Wassermangel der Theißniederung lindern, einen zweischiffigen Verkehr ermöglichen und eine Kraftwerksleistung von 100—110 MW abgeben.

Am D o n a u - T h e i ß - D o n a u - K a n a l (Abb. 2, DTDK) in Jugoslawien wird seit 1957 gearbeitet. Seine Bauzeit wurde mit 10 Jahren veranschlagt. Der Kanal dient hauptsächlich der Lösung des Binnenwasserproblems in der Batschka und im Banat auf einer Fläche von rund 1,5 Mill. ha sowie der Bewässerung, Industriewasserbeschaffung und Schiffahrt. Seine Länge beträgt von seinem Einlauf bei Bezdan bis zur Theiß 130 km und zwischen dieser und der Donau 143 km. Seine Gesamtlänge erreicht mit allen Nebenkanälen 750 km, die fast zur Gänze von Schiffen befahren werden können. Für die Bewässerung sollen aus der Donau 119 m³/sec und aus der Theiß 60 m³/sec entnommen werden. Für die ferne Zukunft besteht der Plan, die Abmessungen des Kanals so sehr zu erweitern, daß die Schiffahrt, um den ungestauten Teil der Donau zu umgehen, hierher umgeleitet werden kann.

Der auf rumänischem Territorium geplante K a n a l   z w i s c h e n C e r n a v o d a   u n d   K o n s t a n z a würde die Verbindung zum Schwarzen Meer um 375 km abkürzen.

In der Sowjetunion wurden informative Untersuchungen für die Schaffung einer W a s s e r s t r a ß e d e s D n j e p r ü b e r d e n B u g z u r D o n a u durchgeführt. Dies würde es den Flußschiffen gestatten, Bergbauprodukte der Ukraine unmittelbar in die Donaustaaten zu verfrachten.

Nach dem vollständigen Ausbau ihres Wasserstraßensystems und der Eröffnung des Rhein-Main-Donau-Kanals wird der zu erwartende Verkehr auf der Donau in diesem Abschnitt auf 60—80 Mill. t ansteigen.

Das gemeinsame ungarisch-tschechoslowakische Donaukraftwerksystem

Ungarn verfügt infolge seiner geographischen Gegebenheiten nur über einen geringen Vorrat an Wasserkräften. Wegen des kleinen Gefälles der Wasserläufe können hier nur Niederdruckanlagen geplant und gebaut werden. Deshalb wurden die naturgegebenen Möglichkeiten nur zu einem geringen Teil ausgenützt, und infolgedessen erfolgt die Energieversorgung Ungarns zu 99% aus Wärmekraftwerken. Trotzdem muß in der Zukunft den Wasserkraftwerken mehr Beachtung geschenkt werden, denn das Land ist auch sonst arm an Energieträgern. Der wirtschaftlich nutzbare Wasserkraftvorrat Ungarns ist zwar beschränkt, aber nicht unbedeutend; er kann auf etwa 4,4 Mrd. kWh jährlich geschätzt werden. Dies entspricht 40% der derzeitigen

Energieproduktion. 70% des erwähnten Vorrates liegen in der Wasserkraft der Donau.

Die ungarische Donau erstreckt sich vom Fkm 1850,2 bis zum Fkm 1433,0. Von diesem 417,2 km langen Abschnitt bildet sie auf einer Länge von 142 km die Grenze zwischen der Tschechoslowakei und Ungarn, der übrige Teil ist rein ungarisch.

Von den drei Wasserkraftwerken, die zur Verwertung des Wasserkraftvorrates von rund 5,4 Mrd. kWh in diesem Abschnitt geplant sind, ist das bedeutendste und am besten vorbereitete das gemeinsame ungarisch-tschechoslowakische Donaukraftwerksystem, das im gemeinsamen Grenzabschnitt errichtet werden soll. Dieses System besteht aus zwei räumlich zwar getrennten, aber eng zusammenarbeitenden Wasserkraftwerken — dem von Nagymaros und dem von Cabčikovo. Nach oben schließt es sich eng an das im gemeinsamen österreichisch-tschechoslowakischen Donauabschnitt geplante Wasserkraftwerk von Wolfsthal-Preßburg an und rundet dadurch die Kanalisierung der Donau nach oben ab; nach unten findet es Anschluß an die Staustufe von Adony und fügt sich dadurch eng in den Rahmenplan für die Nutzung der Wasserkraft des ungarischen Donauabschnittes ein.

Mit der Nutzung dieses Donauabschnittes befaßte man sich schon früher, sowohl in Ungarn als auch in der Tschechoslowakei. 1952 waren beide Staaten übereingekommen, für die Nutzung des gemeinsamen Donauabschnittes gemeinsame Pläne auszuarbeiten. Die Projektierungsbüros der beiden Staaten untersuchten zahlreiche Varianten. Von diesen wurde, unterstützt von sowjetischen Sachverständigen, am eingehendsten die nun folgende ausgearbeitet. Ihrzufolge besteht dieses System aus dem Stromkraftwerk in Nagymaros und dem Umleitungskraftwerk bei Gabčikovo (Abb. 2). Es sind aber auch Untersuchungen im Gange, die die Möglichkeiten prüfen, das Gabčikovo-Kraftwerk als Stromkraftwerk zu errichten. Diesbezüglich wurde aber noch keine Entscheidung getroffen. Abbildung 4 zeigt das Längenprofil dieses Wasserkraftwerksystems.

Die beiden Kraftwerke bilden ein zusammenhängendes System. Das Speicherbecken des Kanalkraftwerkes sichert die Produktion von Spitzenenergie, und die Weiterleitung der infolgedessen stark schwankenden Wasserführung wird, ohne Schaden anzurichten, durch den Stauraum des Kraftwerkes von Nagymaros, der als Ausgleichsspeicher wirkt, gewährleistet. Das
K a n a l k r a f t w e r k   b e i   G a b č i k o v o
setzt sich aus folgenden Teilen zusammen:

a) Stauwehr bei Dunakiliti.

Das im Fkm 1841,9 geplante Stauwerk bewirkt einen 6,5 m über dem Gelände liegenden Stau. Deshalb müssen die bestehenden Hochwasserdämme erhöht und neue Dämme errichtet werden. Um im aufgelassenen Donaubett die Schiffahrt zu ermöglichen, wird neben dem Stauwehr eine Schiffschleuse von 24 × 85 m gebaut. Das aufgelassene Flußbett wird mit einer Wassermenge von 100 m³/sec. gespeist. Zur Nutzung dieses Wassers dient eine Wasserkraftanlage von 16 MW Leistung.

58

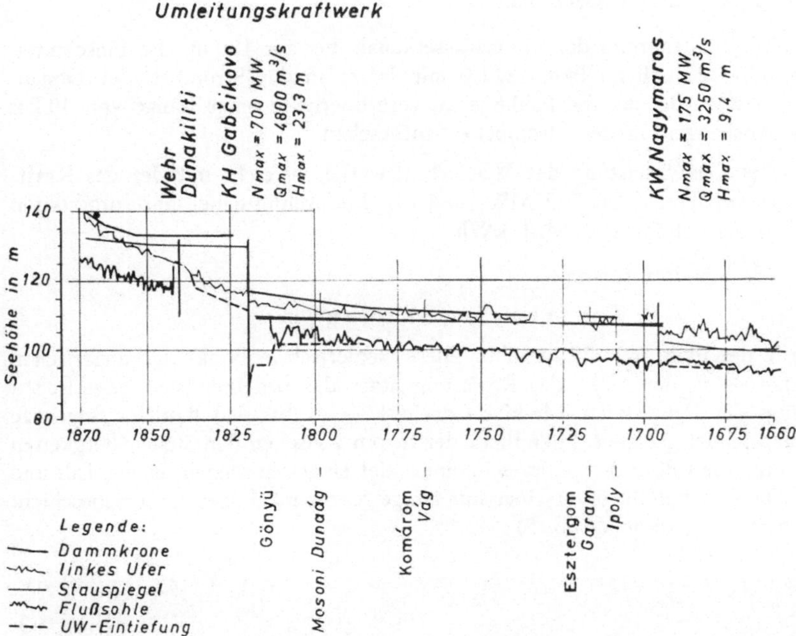

Abb. 4: Längenprofil des ungarischen-tschechoslowakischen Donauabschnittes

b) Speicher (Fkm 1841,9—1860,0).

Durch den hohen Stau bildet sich im Vorland ein 3—4 km breiter und etwa 20 km langer Speichersee. Seine Oberfläche beträgt rund 20 km², die gestaute Wassermenge 250 Mill. m³. Das zur Gewinnung von Spitzenenergie verwertbare Nutzvolumen ist bei einer durchschnittlichen Wasserspiegelschwankung von 1,0 m rund 50 Mill. m³.

c) Der Oberwasserkanal.

Ein 18 km langer Oberwasserkanal, der aus dem Speichersee abzweigt, führt das Triebwasser zum Kraftwerk bei Gabčikovo. Er ist ein Hochkanal und für eine Wasserführung von 4800 m³/sec geeignet. Die Breite der Kanalsohle beträgt 260 m.

d) Das Kraftwerk von Gabčikovo.

Das Kraftwerk wurde mit 8 Maschinensätzen ·geplant. Die maßgebende Fallhöhe ist bei 4000 m³/sec. 19 m, die überhaupt größte beträgt 23,3 m. An das Kraftwerk schließt sich ein Entlastungskanal für 4000 m³/sec. und zwei Schiffsschleusen von 24 × 230 m an.

59

e) Der Unterwasserkanal.

Die Sohlenbreite des Unterwasserkanals beträgt 180 m, die Einschnittstiefe 15—18 m. Beim Fkm 1811,0 mündet er in das Strombett der Donau. Von hier wurde, um die Fallhöhe zu vergrößern, in einer Länge von 30 km eine Ausbaggerung des Strombettes vorgesehen.

Die Gesamtleistung des Wasserkraftwerkes erreicht mit der des Kraftwerkes von Dunakiliti 722 MW, und die durchschnittliche Jahresproduktion an Energie beträgt 2,92 Mrd. kWh.

Als Standort für das

Kraftwerk von Nagymaros

wurde der Fkm 1696,25 gewählt. Dieser malerischste Punkt der ungarischen Donau — in der Nähe des Regierungssitzes des bedeutendsten ungarischen Königs der Renaissance Mathias Corvinus — ist für den Bau der Staustufe ausgezeichnet geeignet. Hier fließt der Strom zwischen den steilen Bergketten des Pilis- und Börzsönygebirges in einem tief eingeschnittenen, engen Tal, und das Flußbett besteht unter einer nur einige Meter mächtigen Geschiebeschicht aus reinem Andesit. (Abb. 5).

Abb. 5: Strömungsuntersuchungen in der Donauschleife bei Visegrad mit Hilfe schwimmender Fackeln

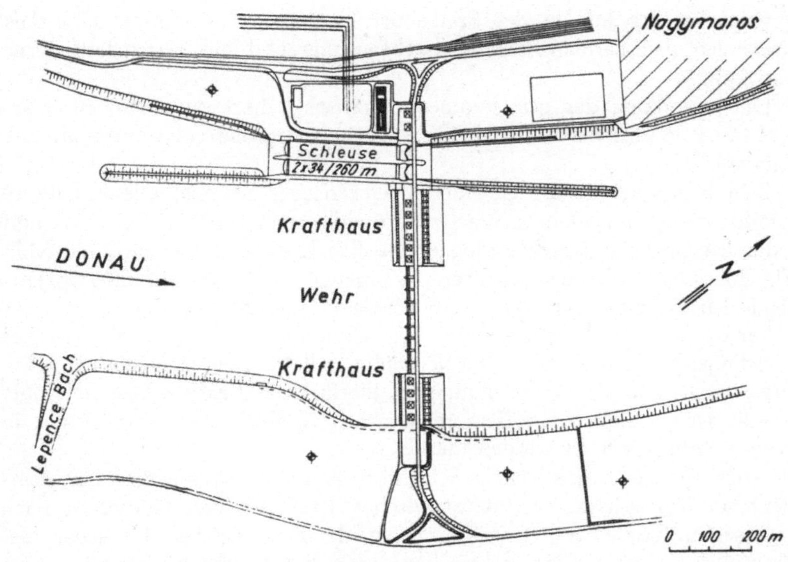

Abb. 6: Lageplan der Staustufe Nagymaros

Das Wasserkraftwerk besteht aus der Stauanlage selbst und jenen zusätzlichen Schutzbauten, deren Aufgabe die Abwehr der sich aus der Stauung ergebenden Schäden ist. Abbildung 6 zeigt den Lageplan der Staustufe.

Die Stauanlage hat neun Öffnungen. Der Verschluß dieser 24 m breiten Öffnungen erfolgt mit Doppelsegmentschützen. Der Stauspiegel ändert sich der Wasserführung entsprechend.

Das Kraftwerk ist den Strömungsanforderungen gemäß in zwei Teile geteilt. Für den ersten wurden 6, für den zweiten 4 Maschinensätze vorgesehen. Der Ausbau erfolgt für eine Wassermenge von 3250 m³/sec. Die maximale Fallhöhe ist 9,4 m. Die installierte Leistung beträgt 175 MW, die durchschnittliche Energieproduktion je Jahr 1,0 Mrd. kWh.

Für die Schiffahrt werden am linken Ufer zwei Schiffsschleusen von je 34 m Breite, 260 m Länge und einer minimalen Tiefe von 4,5 m gebaut werden.

Der Projektierung des Kraftwerksystems waren ausgedehnte Forschungen, Bohrungen und Modellversuche an der Baustelle vorangegangen. Die ungarischen und tschechoslowakischen Wissenschaftler und Ingenieure mußten zahlreiche schwierige technische Probleme lösen, von denen die wichtigsten folgende waren: eine infolge des Staues von Nagymaros in einer Länge von mehr als 100 km auftretende Sickerung, gegen die eine sowohl technisch als auch wirtschaftlich tragbare Lösung zu finden war; die hydraulische

Untersuchung der infolge des Spitzenbetriebes des Umleitungskanalwerkes auftretenden nichtpermanenten Wasserbewegung und die Feststellung ihrer Auswirkung.

Die Errichtung des gemeinsamen ungarisch-tschechoslowakischen Wasserkraftwerksystems besitzt für beide Staaten eine große volkswirtschaftliche Bedeutung.

Sein Hauptziel ist die Gewinnung elektrischer Energie. Die installierte Gesamtleistung des geplanten Wasserkraftwerksystems beträgt 897 MW, und die durchschnittliche Jahresleistung ergibt eine Energiemenge von 3920 Mill. kWh, die zwischen beiden Ländern 1 : 1 geteilt wird. Die auf Ungarn entfallende Menge stellt fast 20⁰/₀ der derzeitigen Energieproduktion des Landes dar. Für die Tschechoslowakei ergibt sich schon aus der Lage des Kraftwerkes ein wichtiger Vorteil, da es für die sich industriell stark entwickelnde Slowakei Energie liefert, für deren Gewinnung in thermischen Kraftwerken die Kohle von sehr weit, nämlich aus dem schlesischen Kohlenbecken, aus Ostrau in Mähren, herbeigeschafft werden müßte.

Auch für die internationale Schiffahrt sind die Vorteile dieses Systems bedeutend. Der seichte Abschnitt zwischen Preßburg und Gönyü ist nach dem Eisernen Tor einer der ungünstigsten, denn infolge des plötzlichen Gefälleabfalles lagert die Donau hier ihr Geschiebe ab, und die ständige Auffüllung stellt für den Schiffsverkehr erhebliche Schwierigkeiten dar. Trotz kostspieliger Regulierungsarbeiten ist es auch im vergangenen Jahrhundert nicht gelungen, eine durchgehende Wassertiefe von 20 dm unter dem schiffbaren Niedrigwasser zu gewährleisten. Der Plan sieht zwischen Preßburg und Nagymaros 3,65 m, zwischen Nagymaros und Budapest 3,00 m vor, und auch in anderer Hinsicht gewährleistet er einen günstigen Schiffahrtsweg.

Das das Kraftwerksystem umgebende Gebiet ist vor allem für die Tschechoslowakei, aber auch für Ungarn ein landwirtschaftlich wertvolles Land. Das System würde hier eine größere Sicherheit gegen Hochwasser schaffen und eine intensivere Binnenwasserableitung gewährleisten. Es ermöglicht in der Zukunft die Regelung des Grundwasserhaushaltes des betreffenden Gebietes und schafft günstige Bedingungen für die Bewässerung. Die Regelung des Grundwasserspiegels und der Binnenwasserfrage wird die sanitären Verhältnisse der dortigen Siedlungen heben. Die aufgestauten Flußabschnitte bieten zudem erhöhte Möglichkeiten für die Erholung und den Wassersport.

Die Donauschleife verfügt über günstige Voraussetzungen für die Ergänzung des ungarischen Kraftwerksystems durch ein Pumpspeicherwerk. Sein Speicherbecken könnte ausgezeichnet in der Nähe des Kraftwerkes von Nagymaros am rechten Ufer auf dem Hochplateau des „Prédikálószék" (Predigtstuhls) im Pilisgebirge in einer Meereshöhe von 630 m angelegt werden. Als unteres Becken könnte die aufgestaute Donau dienen. Es wird hier die Möglichkeit eines Energiespeichers mit einer Leistung von 300 MW untersucht, die im Notfall auf 1200 MW gesteigert werden könnte.

Das Kraftwerk beim Eisernen Tor

Auf der 120 km langen Strecke zwischen Moldova Veche und Turnu-Severin beträgt das durchschnittliche Gefälle rund 28 m, wovon sich 20,8 m auf 5 Stromschnellen von nur insgesamt 15 km Länge konzentrieren. Alle Arbeiten, die bisher hier geleistet worden waren, geschahen ausschließlich im Dienst der Schiffahrt.

Schon die Römer befaßten sich mit dem Gedanken der Regulierung der Donau. Die Spuren der Schlepperwege aus der Zeit Kaiser Trajans bilden noch heute eine Erinnerung daran. Neuere Schritte erfolgten aber erst im XIX. Jahrhundert. Der große ungarische Hydrologe Pál Vásárhelyi führte hier in den Jahren 1832—1834 die ersten hydrologischen Messungen durch. Sowohl er, als auch österreichische und amerikanische Ingenieure nach ihm arbeiteten an Entwürfen, deren Ziel die Schiffbarmachung dieses schwierigen Stromsektors war. Die Arbeiten wurden aber erst auf Grund eines Beschlusses des Berliner Kongresses 1890 in Gang gesetzt. Die Regulierung unterstand dem ungarischen Finanzminister Gábor Baross. Am 27. September 1896 wurde dann der Kanal beim Eisernen Tor (Abb. 7) von Kaiser Franz Josef I. in Beisein des rumänischen Königs Karl I. und des serbischen Königs Alexander I. feierlich eröffnet.

Als Ergebnis dieser Regulierungsarbeiten konnten von nun an Schiffe mit einem Tiefgang von 18 dm an 258 Tagen das Eiserne Tor passieren statt wie bisher nur an 150 Tagen. Trotzdem kann der Kanal nicht als voller Erfolg bezeichnet werden, denn es konnte vor allem die große Strömungs-

Abb. 7: Der Kanal beim Eisernen Tor

Abb. 8: Dampflokomotive beim Schlepperdienst im Eisernen Tor

geschwindigkeit — besonders im Eisernen Tor — nicht verringert werden und die Schiffe mußten von Dampflokomotiven stromaufwärts geschleppt werden (Abb. 8). In der Enge und im neuen Kanal konnte der Verkehr nur einschiffig und bei Tag erfolgen. Bei Niederwasser mußte die zulässige Last verringert werden. Diese Schwierigkeiten verursachten ein Steigen der Transportkosten auf das 12fache der Preise in anderen Donauabschnitten. Eine grundlegende Lösung würde nur die Kanalisierung des Stromes darstellen, wobei auch die Möglichkeiten für die Nutzung der Wasserkraft gegeben wäre.

Der erste Entwurf für ein Kraftwerk stammt von Hugo L u t h e r, dessen Leistung aber nur etwa 11 MW gewesen wäre (Abb. 9). Einen wesentlichen Fortschritt demgegenüber stellt der Plan des Ungarn Donát B á n k i dar, der die Leistung bereits auf 300 MW hob. Fast zur selben Zeit schlug R. H a l t e r, Professor der Technischen Hochschule in Wien, eine zweistufige Lösung vor. Nach ihm wurden noch zahlreiche Projekte zur Nutzung des Nibelungenstromes ausgearbeitet. Die bekanntesten sind die des Schweizer Ingenieurs F i s c h e r - R e i n a u, des Professors S m r s e k der Technischen Hochschule in Brünn, der jugoslawischen Direktion für Wasserwesen und des Rumänen G. C. V a s i - l e s c u. Erwähnenswert sind von den neueren Varianten die Ideen der rumänischen Ingenieure I. und Gh. V l a d i m i r e s c u, des Jugoslawen H v o j und der Siemens-Bauunion. Alle diese Pläne wurden aber an moderner Konzeption und Kühnheit vom rumänischen Professor an der Technischen Hochschule in Bukarest Pavel D o r i n weit übertroffen, der mit einer einzigen Stufe eine Leistung von 2100 MW zu erzielen hofft.

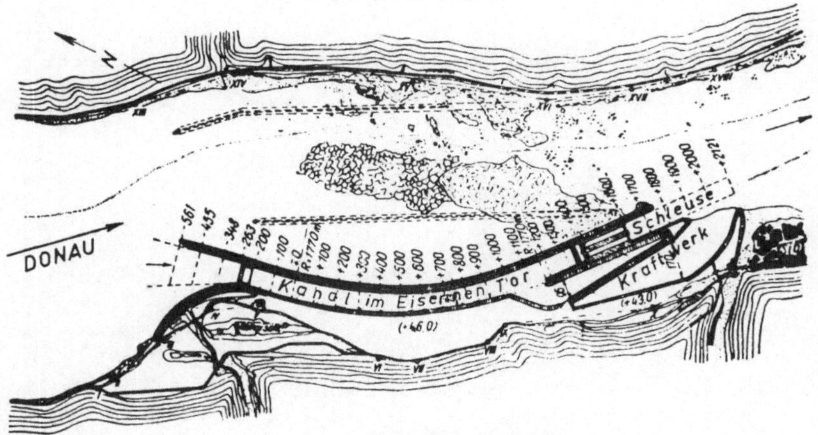

Abb. 9: Entwurf eines Kraftwerkes im Eisernen Tor von Hugo Luther

Die Realisierung der Pläne stieß aber zunächst auf ernste Schwierigkeiten, vor allem finanzieller Natur. Einen Wendepunkt stellte aber in dieser Frage der Besuch des Präsidenten Tito in Bukarest 1956 dar. Seither untersuchte eine gemischte Kommission das Problem eingehend und befaßte sich mit der Projektierung und den Vorarbeiten des Kraftwerkes beim Eisernen Tor. Die Präsidenten der am Bau interessierten Staaten Rumänien und Jugoslawien unterschrieben Ende 1963 das Übereinkommen zum Bau des Wasserkraftwerkes beim Eisernen Tor, oder nach einer alten türkischen Bezeichnung „Djerdap". Nach seiner Ratifizierung und der Annahme der Pläne begannen 1964 die Arbeiten, deren Beendigung für 1971 angesetzt ist.

Dieses Kraftwerk (Abb. 10) von Djerdap liegt am unteren Ende der Stromschnellen oberhalb von Turnu-Severin auf der Höhe von Sip-Gura Vaii beim Fkm 942—950. Seine Leistung beträgt 2100 MW und seine durchschnittliche Energiegewinnung wird bei 10,7 Mrd. kWh jährlich liegen, wodurch es zu den 10 größten Wasserkraftwerken der Welt gehören wird. In Europa wird es nur von Wolgograd mit 2543 MW übertroffen werden.

Die allgemeine Anordnung des Kraftwerkes ist Abbildung 11 zu entnehmen. Das Stauwehr, mit einem Sperrenquerschnitt aus Stahlbeton erstellt, liegt in der Strommitte. Seine Gesamtlänge beträgt 441 m und besteht aus 14 Öffnungen von je 25 m Breite und 13 Pfeilern, deren Breite je 7 m ist. Die Öffnungen werden von 14 m hohen, beweglichen Schützen verschlossen. Die größte Höhe der Stauanlage beträgt 55 m, die Breite seines Fundaments

Abb. 10: Modell des in Bau befindlichen Kraftwerkes im Eisernen Tor

46 m. Der Stauspiegel schwankt zwischen 63,0 und 69,5 m. Der Stau wird erst dann auf 69,5 m gebracht werden, wenn man einige Erfahrungen mit dem Stauziel 68,0 m gesammelt hat.

Der Beteiligung von je 50% der beiden Staaten entsprechend, wird an beiden Ufern je ein Kraftwerk mit 6 Maschinensätzen gebaut werden. Die Leistung eines Satzes beträgt 175 MW. Die Länge eines Kraftwerkes ist 214 m, seine Breite 78 m. Die maximale Ausbauwassermenge der Anlage wurde mit 8500 m³/sec festgesetzt. Die Ausbaugröße, d. h. das Verhältnis der Ausbauwassermenge zur Mittelwasserführung, ist $\dfrac{8500}{5600} = 1,5$. Die Nutzfallhöhe bewegt sich zwischen 11 und 34 m und beträgt im Durchschnitt 26 m. Durch die Ausbaggerung des Flußbettes soll sie noch um 1,20 m vergrößert werden.

An die Krafthäuser schließt sich an jedem Ufer eine Schleuse an (310 × 34 m). Es wurden dafür zwei verschiedene Typen untersucht: eine einstufige und eine zweistufige. Die erstere besitzt den Vorteil einer kürzeren Durchschleusungszeit, bereitet aber bei der Konstruktion des unteren Tores Schwierigkeiten. Aus diesem Grunde wurde die zweistufige Lösung gewählt, mit dem Vorbehalt allerdings, daß die Untersuchungen für beide Alternativen fortzusetzen sind. Bei der zweistufigen wird nun für die Oberkammer ein 11,5 m hohes Senktor, zwischen beide Kammern ein 15,5 m hohes Hubtor und für die Unterkammer ein Stemmtor von 22,5 m Höhe entworfen.

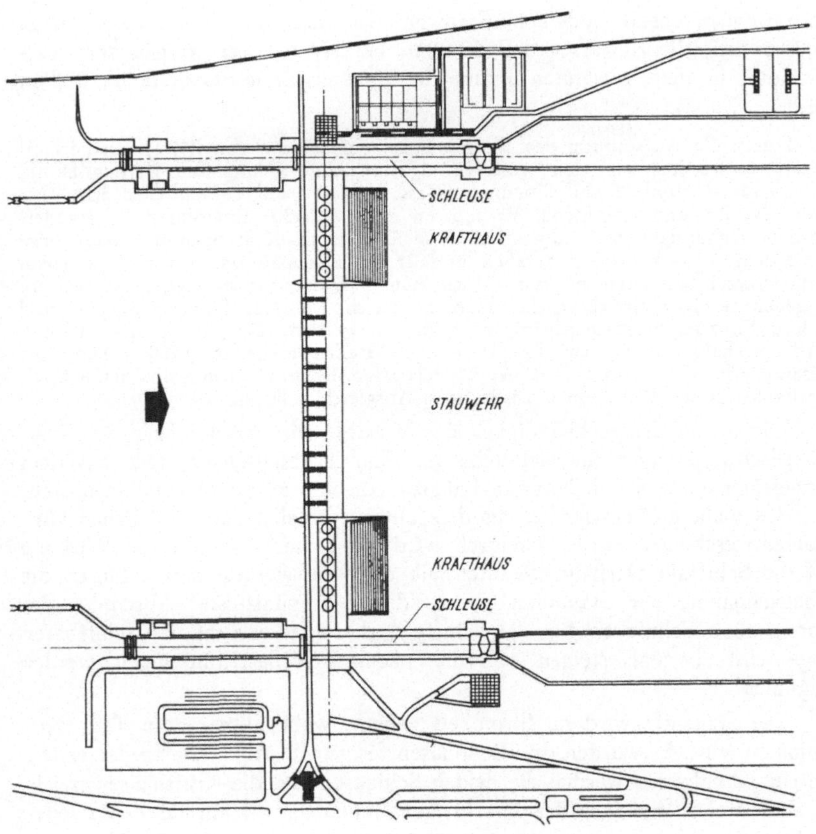

Abb. 11: Lageplan des Kraftwerkes im Eisernen Tor

Ein besonders heikles Problem bildete die Ermittlung des Stauzieles. Der Rückstau wirkt sich weit nach rückwärts aus und beeinflußt sogar die Morava, die Save und die Theiß. Die Länge des Staues beträgt nämlich bei einer durchschnittlichen Wasserführung mehr als 200 km. Bei Hochwasser wirkt der Stau bis zur Mündung der Nera (Fkm 1075), d. h. etwa 130 km weit. Infolge des hohen Ufers und der nahen Bergabhänge könnte das Stauziel unterhalb der Nera-Mündung höher gewählt werden. Das stromaufwärts liegende Ufergelände jedoch liegt tiefer und zu seinem Schutze muß der Stau einer Beschränkung unterworfen werden. Deshalb wurde in diesem Abschnitt bei Banatska Palanka ein Niveau festgelegt, das vom gestauten Wasser nicht überschritten werden darf. Den ungleichen Zuflüssen entsprechend, muß beim Stauwehr das Stauziel zwischen den Werten 69,35 m bei Niedrigwasser und 63,00 m bei Hochwasser so geändert werden, daß in dem gewählten Punkt der Wasserspiegel unverändert 69,5 m bleibt.

Durch die Aufstauung des Wassers wird eine Fläche von 7600 ha Ackerland überflutet werden; von den größeren jugoslawischen Gemeinden werden Donji, Mihajlovác, Golubinje und Sip unter Wasser gesetzt, auf rumänischer Seite Orsova, Svinica und Ogradena. Es müssen rund 21.500 Einwohner umgesiedelt werden. An einigen Stellen werden diese Siedlungen 20 m hoch überstaut sein. Außerdem müssen 190 km Straßen und 25 km Eisenbahnlinien verlegt werden. Außer diesen Gebieten müssen — des neuen Wasserstandes wegen — weitere ausgedehnte landwirtschaftliche Flächen durch Dämme, Pumpenanlagen und andere Entwässerungseinrichtungen geschützt werden. Die Breite des Stromes wird oberhalb des Kraftwerkes an einigen Stellen mehr als 1500 m sein. Die Gesamtfläche des Staues wird bei Mittelwasser 170 km² groß sein. Seine Speicherkapazität wird nur einen 24-Stunden-Ausgleich zulassen.

Die Strömungsgeschwindigkeit des Wassers wird zwar wegen der Stauspiegelschwankungen, die sich teils aus dem Tagesausgleich, teils aus dem festgelegten Niveau bei Banatska Palanka ergeben, zeitweise zunehmen, aber sie wird nicht größer werden, als dies unter normalen und natürlichen Umständen geschehen würde. Dadurch wird sie keinerlei nachteilige Wirkung auf die Schiffahrtsverhältnisse unterhalb des Kraftwerkes haben. Durch die Inbetriebnahme der Stauanlage wird dieser ungünstigste Abschnitt der Donau allen Schrecken für die Schiffe verlieren, die Zahl der schiffbaren Tage wird abermals steigen und die nächtlichen Beschränkungen werden wegfallen.

Die Staustufe wird im Strombett gebaut, wobei dieses zum Teil abgeschlossen wird. Es wurden drei Bauphasen festgelegt (Abb. 12). In der ersten, die ein Jahr dauert, werden die beiden Schleusen und die Krafthäuser errichtet und drei Öffnungen der linksufrigen Stauanlage. Während der zweiten bleiben die Absperrungen des Strombettes weiter bestehen und in ihrem Schutze wird der Bau der Schleusen fortgesetzt und außer den Krafthäusern werden weitere drei Öffnungen des Stauwehres beendet. Der dritten Phase

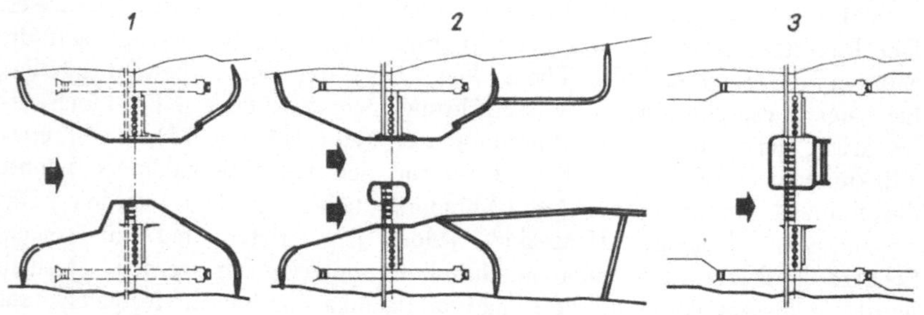

Abb. 12: Die Bauphasen des Kraftwerkes „Eisernes Tor"

bleiben die Abschlußarbeiten mit dem Bau der restlichen acht Öffnungen vorbehalten. Die Absperrungen erfolgen zum Teil mit Erddämmen, zum Teil mit Kastenfangdämmen.

Mit Rücksicht auf die Tatsache, daß die Donau eine internationale Wasserstraße ersten Ranges ist, muß der Bau besonders sorgfältig organisiert werden. Es müssen alle Voraussetzungen für die Schiffahrt gewährleistet werden, und es muß für ein klagloses Ableiten eines Eisstosses oder eines Hochwassers Vorsorge getroffen werden. Schließlich darf auch während der Bauarbeiten die gegenwärtige Strömungsgeschwindigkeit von 5 m/sec im Kanal beim Eisernen Tor nicht überschritten werden.

Die veranschlagte Bauzeit beträgt 7 Jahre. Während dieser Zeit werden Erd- und Steinarbeiten in einem Umfang von 18 Mill. m³ geleistet, 21,4 Mill. m³ Beton und Stahlbeton eingebaut und 34.000 t Stahl verwendet werden. Der Kostenvoranschlag dieser imposanten Investition umfaßt 426 Mill. Dollar, der zu einem gewissen Teil von der Schiffahrt übernommen wird.

Zusammenfassung

Die im Donauabschnitt Devin—Schwarzes Meer vorgesehenen Wasserkraftwerke werden eine Leistung von 5800 MW haben und eine durchschnittliche jährliche Energiemenge von 29 Mrd. kWh abgeben. Der Bau des Kraftwerkes am Eisernen Tor ist im Gange, und der Entwurf des Kraftwerksystems Nagymaros-Gabčikovo ist weit vorgeschritten. Von den übrigen Wasserkraftanlagen befaßt man sich vor allem mit der Vorbereitung der Staustufe von Izlas-Somowit.

Die Nutzung der Wasserkraft der Donau ist für die Donauländer von großer Bedeutung, da sie ihre gegenwärtige Energieproduktion um etwa 20 bis 25% zu heben vermag. Außer diesem Vorteil stellt der Bau der Anlagen eine Verbesserung und wesentliche Steigerung der Sicherheit der Donauschiffahrt dar. Der Frachtverkehr würde auf das Drei- bis Vierfache steigen und ausgedehnte Gebiete könnten unter Ausnutzung der Schwerkraft oder sonst wirtschaftlicher bewässert werden. Die Schaffung solcher weitläufiger Anlagen bringt auch eine Regelung der anschließenden Gebiete mit sich: Es entstehen Hochwasserdämme, Brücken, Straßen und Eisenbahnen, Siedlungen werden gebaut, Fieberlandschaften trockengelegt, neues Ackerland wird gewonnen.

Die Donau verbindet die hier lebenden Völker. Es existiert auf der ganzen Welt kein zweiter Strom, an dessen Einzugsgebiet so viele Länder teilhaben. Sie durchfließt acht Staaten und nimmt das Wasser von drei weiteren auf. Es liegt auf der Hand, daß eine enge Zusammenarbeit aller dieser Völker für alle von ihnen einen Vorteil darstellt und eine Notwendigkeit ist. Diese Zusammenarbeit wurde auf dem Sektor der Donauschiffahrt

bereits realisiert. Aber auch in anderen Fragen der Wasserwirtschaft —
der Nutzung des Wassers und der Wasserkräfte, des Hochwasserschutzes,
der Reinhaltung der Flußläufe, usw. — müssen die Kontakte enger gestaltet
werden. Wenn sich dies verwirklicht, so wäre das Wort von der völker-
verbindenden Rolle der Donau kein Gemeinplatz mehr, sondern eine lebende
Wahrheit.

(Aus dem Ungarischen übertragen von Dipl.-Ing. Paul Reimann)

Anschriften der Verfasser:

Dr.-Ing. Heinz F u c h s
Ord. Vorstandsmitglied der Rhein-Main-Donau A. G.
Leopoldstraße 28, München 23

Direktor Dipl.-Ing. Hans B ö h m e r
Vorstandsmitglied der Österreichischen Donaukraftwerke A. G.
Hochhaus Gartenbau, Parkring 12, Wien 1

Dozent Dr. techn. Ede K e r t a i
Leiter der Hauptabteilung Wasserwirtschaft in der Staatshauptdirektion für
Wasserwesen
Alkotmány-u. 29, Budapest V

SCHRIFTENREIHE
DES ÖSTERREICHISCHEN WASSERWIRTSCHAFTSVERBANDES

H. 16 **Sitte F.:** Wasserwirtschaftstagung 1949 in Bad Ischl, Oberösterreich. — Jahresbericht 1948 des Österreichischen Wasserwirtschaftsverbandes. III + 70 S., 11 Abb. 1949, S 19,20.

H. 17 **Kieser, A.:** Gewässerkundliche Grundlagen der Anlagen und Projekte der Vorarlberger Illwerke A. G. III + 36 S., 21 Abb. 1949. S 7,20.

H. 18 **Steinwender, A.:** Über Düsen, Wasserstrahlpumpen und Heber. II! +74 S., 33 Abb. 1950. S 14,40.

H. 19 **Fritsch, J.:** Der heutige Stand der Massenbetontechnik. 37 S., 1 · Abb. 1950. S 12,—.

H. 20 **Baumann, F.:** Vom älteren Flußbau in Österreich. IV + 44 S., 1ʋ Abb. 1951. S 14,40.

H. 21 **Kieser, A.:** Die „Kernring-Auskleidung" im Druckstollen „Kops- ˜allüla" der Vorarlberger Illwerke A. G. III + 31 S., 12 Abb. 1951. S 10 —.

H. 22 **Vas, O.:** Probleme der Kraftwasserwirtschaft in Mitteleuropa. III -60 S., 27 Abb. 1952. **S 16,—.**

H. 23 **Grengg, H.:** Das Großspeicherwerk Glockner-Kaprun. V + 35 S., 1ʹ Abb. 1952. S 14,—.

H. 24 **Fritsch, J.:** Amerikanischer Talsperrenbau. III + 51 S., 22 Abb 1952. S 20,—.

H. 25 **Liepolt, R.:** Abwasserwirtschaft in Österreich. **Koziel, O.:** Abwass ˌwirtschaft in Kärnten. V + 40 S., 10 Abb. 1953. S 18,—.

H. 26/27 **Grabmayr, P.:** Wasserrechtliche Berufungsentscheidungen und Erkenntnisse 1949 bis 1952. III + 73 S. 1953. S 30,—.

H. 28/29 **Hartig, E.:** Internationale Wasserwirtschaft und internationales Recht. 102 S. 1955. S 42,—.

H. 30 **Vas, O.:** Wasserkraft- und Elektrizitätswirtschaft in der Zweiten Republik. 48 S., 39 Tafelbilder, 9 Abb., 9 Tab. 1956. S 36,—.

H. 31 **Lernhart, A.:** Untersuchungen zur Erweiterung der Wasserversorgung Wiens. 44 S., Grundwasserkarte. 1956. S 36,—.

H. 32/33 **Kresser, W.:** Die Hochwässer der Donau. 94 S., 24 Abb., 15 Diagramme, 7 Tabellen, 1 Niederschlagskarte. 1957. S 51,—.

H. 34 **Fritsch J., W. Steinböck, A. Wogrin:** Fortschritte in der Betontechnik des Massenbetonbaues. 24 S., 12 Bildtaf., 4 Textabb., 1 Konstruktionsskizze. 1957. (Vergriffen.)

H. 35 **Rotter, E.:** Anwendung von Spritzbeton. 44 S., 5 Abb., 19 Taf., 2 Maßzeichnungen im Anhang. 2. Aufl. 1962. S 60,—.

H. 36/37 **Grabmayr, P.:** Wasserrechtliche Entscheidungen 1953 bis 1957. 128 S. 1958. S 60,—.

H. 38 **Lanser, O.:** Beiträge zur Hydrologie der Gletschergewässer. 63 S., 4 Bilder, 3 Diagr., 11 Tab. 1959. S 45,—.

H. 39 **Fritsch, J., E. Tremmel, A. Wogrin:** Der VI. Kongreß der Internationalen Talsperrenkommission. 56 S., 14 Bilder. 1959. S 45,—.

H. 40 **Die Salzburger Tagung 1959.** 50-Jahrfeier des Österreichischen Wasserwirtschaftsverbandes. 104 S., 2 Bildtaf. 1959. S 48,—.

H. 41 **Rémy-Berzencovich, E.:** Analyse des Feststofftriebes fließender Gewässer. 56 S., 18 Abb., 12 Tab. 1960. S 69,—.

H. 42 **Baumann, F.:** Vorgeschichtliches zum ostalpinen Flußbau. 52 S., 20 Abb., 1 Tab. 1960. S 72,—.

H. 43 **Seenschutz — Ergebnisse und Probleme.** 92 S., 1 Abb. 1961. S 60,—.

H. 44 **Gewässerreinhaltung.** 104 S., 10 Abb., 7 Tab. 1962. S 72,—.

H. 45 **Gewässerschutz in Kärnten.** 88 S., 20 Abb., 1963. S 85,—.